JN304657

●したしむ物理工学●

# したしむ
# 表面物理

志村 史夫 著

朝倉書店

# まえがき

人間は五感（視・聴・嗅・味・触）を通してものを認識し，情報を収集するが，情報収集の７割以上は視覚を通して行なわれるというデータがあるくらい，五感の中でも特に重要なのは視覚である．われわれにとって“見えるもの”は絶対的ですらある．

ところで，観念的な意味ではなく，物理的に，われわれに“物体が見える”というのはどういうことなのだろうか．

物体に電磁波が当たると，その一部は物体に吸収され，一部は透過し，一部は反射する．物体から反射された電磁波のうち，われわれにとっての“可視光”だけがわれわれの網膜の感覚細胞，視神経を刺激し，その刺激を大脳が認識することで，物体が“見える”のである．物体からは可視光以外の電磁波も反射されているのであるが，それらはわれわれの網膜の感覚細胞，視神経を刺激しないので“見えない”のである．つまり，決して形而上学的な意味ではなくて，われわれにとって“不可視の世界”が物理的に厳然と存在しているわけである．

また，われわれの肉眼で“見える”のは物体の表面（一番外側の部分）だけに限られる．われわれには物体の内部，いわんや深部を“見る”ことはできないのである．われわれの肉眼で見える物体の「形」は「外形」であるが，「外形」というのは表面をなぞった形のことである．たとえ，外形が同じ物であっても，それらの中身（内部）は異なるかも知れない．だから，物や人などを見る時には，外面や服装や肩書（“肩書”も「服装」の一種である）などの「外形」に惑わされることがないように注意しなければならない．したがって，一般社会や日常生活において「表面的な見方」というのは「物事の本質を深く考えない皮相的な見方」であり，避けるべき「見方」である．われわれは表面的な見方をしてはいけないのである．

ところが，近年，物理や化学の世界，また最先端の科学・技術の世界では物質の「表面」の重要性が急速に増している．そして，それに伴ない，「表面」を観察し，評価する技術も急速に進歩している．次世代の超高集積回路，超高速コンピューター，新素材，新エネルギー源などの技術の開発を進めるには物質の「表面」の理解が不可欠だからである．たとえば，半導体エレクトロニクスやバイオテクノロジーなどの分野では，「マイクロ ($10^{-6}$)」を超えた「ナノ ($10^{-9}$)」の世界（「ナノテクノロジー」），さらには「ピコ ($10^{-12}$)」の世界（「ピコテクノロジー」）へ突入しているが，あつかう「物」が微細化されればされるほど，「表面」の影響が大きくなり，「表面」がその「物」の性質を支配することになるのは容易に理解できるだろう．

また，近年，物理学をはじめとする諸科学と工学の発展により，自然界には存在し得ないような組成，構造，そして，その結果として，自然界には存在し得ないような物性を持つ種々の「薄膜材料」が実用化され，まさに「新素材」としての期待が高まっている．薄膜というのは，いわば，表面だらけの物質である．さまざまな観点から考えてみると，薄膜材料は今後ますます，半導体エレクトロニクスやバイオテクノロジーから医療技術にまで広範囲に利用されるようになるであろうことは間違いない．

しかし，現時点で，物質の表面のことが十分に理解できているかといえば，必ずしもそうはいえないのが現状である．国際論文誌“*Surface Science*”が発刊されたのは 1970 年であり，表面科学の最初の国際会議がボストンで開催されたのが 1971 年であることからもわかるように，「表面」は比較的新しい学問分野である．その主な理由は，「表面」の重要性の認識が最先端技術の発展に附随したことと，「表面」の有効な研究手段の開発が比較的最近になって行なわれたことであろう．

本書は，物質の「表面」についての入門書である．まずは，物質の「表面」が，その「内部」といかに異なるか，その特異性を知っていただきたい．もちろん，「内部」がなければ「表面」もないのであるが，「表面」と「内部」とは大いに異なっているのである．本書は，その重要性から，主として固体の表面をあつかうので，本シリーズの拙著『したしむ固体構造論』をまず最初に読んでいただくのが望ましいが，本書だけでも固体構造の基礎を理解していただけるように書いたつもりである．まずは，本書を通じ，物質の「表面」そして必然的に

「内部」にも，したしんでいただきたいと思う．そして，巻末に掲げる参考図書などに進み，さらに理解を深めていただきたいと思う．もう一度繰り返すが，最先端科学・技術の分野で，今後「表面」「薄膜」の重要性が一層増していくのは間違いないことである．

本書があつかうのはあくまでも**物質の**「表面」と「内部」ではあるが，それは**一般的な物事や人物の**「表面」と「内部（深部）」の理解，判断にも必ず役立つものである．これは，『したしむ固体構造論』の「まえがき」でも述べたことであるが，物質の「表面」と「内部」を科学的に学ぶことを通じて，「形」について繊細になり，人や社会や事物を見る「目」を養ってもらえれば，私は嬉しく思う．ある分野の専門家になろうとする場合は別かも知れないが，われわれが（そして読者のみなさんが）何のためにいろいろな勉強をするのかといえば，究極的には人や社会や事物を見る確かな「目」を養うためである，と私は思っている．

2007 年　新緑の季節

志村史夫

# 目　次

# 1 序　論

われわれの周囲にはさまざまな物体があるが，われわれの目に“見える”のは，それらの表面だけである．また，“表面”は物体の一番外側の部分なのであるが，そこは内部の単なる延長ではなく，内部とは著しく異なる性質を持っている．また，そこでは大変興味深い現象が起こっている．

そのような“表面”は科学的に非常に興味深いだけではなく，半導体エレクトロニクスに代表される“ハイテク”などの技術分野においても極めて重要な部位である．ハイテクにおいては，すべてがマイクロ化，ナノ化の傾向にあり，“ナノテクノロジー”が時代の趨勢であるが，あつかう“物”が微細化されればされるほど，“表面”の重要性，“表面”の影響が顕著になってくる．また，近年「新素材」としての期待が高まり，すでに実用化されているものも少なくない“薄膜材料”は，いわば表面だらけの材料である．薄膜材料の特性の理解，新たな薄膜材料の開発は，“表面”の理解なくしてはあり得ない．

本書は，そのような“表面”を“科学的に見よう”とするものであるが，本章では序論として“表面”と，それに対する“内部”を概観し，最先端技術における“表面”の重要性について述べる．まず，本章を通じ，“表面”に大いなる興味を持っていただきたい．

## 1.1 表面と内部

### ■外見と中身

ほとんどの日本人は，古来より“奈良の大仏”でしたしまれている奈良・東大寺の大仏（盧舎那仏（るしゃなぶつ））を修学旅行などで見て，知っているはずである（最近の修学旅行の行先は昔のものと異なり，奈良・京都は減っているらしいが）．奈良の大仏は像高が約 15 メートルで，そばに行くと，まさに，首が痛くなるほど見上げる大きさである．

この大仏建立の工事が始まったのは天平 17（745）年である．鋳造はその 2 年後に始まり，それから 5 年の歳月を経て，752 年に大仏開眼供養会が盛大に行なわれた．12 世紀初めの『東大寺要録』によれば，大仏（金銅仏）鋳造に使われた銅は約 496 トン，錫は約 8.5 トン，金は約 0.5 トン，水銀は約 0.3 トンだそうである．

この巨大な仏像は，下部の台座から仏頭まで 8 段階に分けて鋳造された．仏体の鋳造後，金と水銀を 1：5 ぐらいの混合比率で作った金アマルガムを仏体表面に塗り，水銀を加熱によって蒸発させ，金色に輝く大仏が完成した．奈良の大仏の表面は金であり，中身（内部）は銅と錫との合金である青銅（銅 90 ～ 93%）だったのである．われわれが見る現在の大仏は黒光りしているので想像しにくいのであるが，建立当時，奈良の大仏は金色の衣装をまとい，まばゆいほどに輝いていたのだ．それはまさに，当時の人々の目を眩ませた美しさであったろう．また，当時は，大仏殿はなく露天であったから，「奈良の都」の大仏の光り輝く姿を遠方からも拝んだに違いない．

日本語に「マゴにも衣装」という言葉がある．これは「孫にも衣装」ではなく「馬子にも衣装」なのであるが，馬子（馬を引いて荷物や人を運ぶことを職業とする人）など，時代劇の映画でしか見る機会がない現在の日本では「馬子」はほとんど死語になっているから「孫にも衣装」と思っている人が少なくないのは仕方ないだろう．もちろん，現実的には「孫にも衣装」ということもあるだろうが，“ことわざ”としてはやはり「馬子にも衣装」で「誰でも外見を飾れば立派に見える」という意味である．この「馬子」は，一つのたとえで，馬子を軽蔑しているわけではない．

いずれにせよ,「馬子にも衣装」というようなことわざ(ちなみに英語では "Fine feathers make fine birds." あるいは "Apparel makes the man." などという)があるということは,裏を返せば,人間というものは,人物に限らず物事を外見,表面で判断しがちである,ということである.しかし,事実として,外見の印象と中身の本質とが一致しないこと,外部と内部とが異なることは,われわれの周囲にいくらでもある.

■**表面と内部の活動性と相補性**

いま述べたのは,いずれも表面(外部)と中身(内部)が互いに異なる物質で形成されている場合のことであるが,ある物体が同じ物質(元素)で形成されている場合でも,厳密にいえば,表面と中身が同じであることはあり得ないのである.

仮に,人の手が4本だとする.このような人が35人,図1.1のように,手をつないだ場合のことを考えてみよう.

濃いアミカケで示した "内部の人" の4本の手はすべてふさがっているが,うすいアミカケで示した "表面の人" は自由な手を1本持っている.また,同じ "表面" でも各コーナーに位置する "角(かど)の人" は自由な手を2本持っている.このような "自由な手" の数の違いを考えれば,各人の活動性や挙動が互いに異なるであろうことは容易に理解できるだろう.

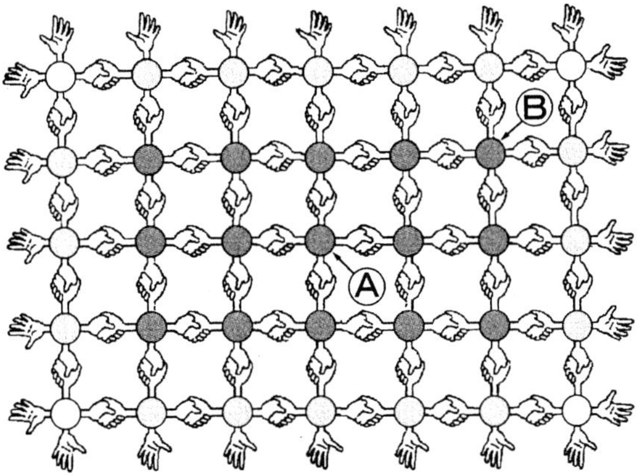


**図 1.1** 表面と内部

さらに,同じように4本のすべての手がふさがれた“内部の人”であっても,Ⓐのような“奥深い内部の人”とⒷのような“表面に近い内部の人”の活動性や挙動は当然のことながら同じではないだろう．周囲の状況が異なるからである．人間は一般に，周囲の影響を受けやすいものである．

図1.1の“人”を物質を構成する原子に置き換えた場合でも，“表面の原子”と“内部の原子”の活動性，挙動について，いま述べたことは，そのままそっくり当てはまる．

いずれにせよ，すべての物体に限らず，すべての事象を構成するのは“表面”と“内部”であり，それらを切り離すことは原理的に不可能である．“表面”と“内部”は互いに影響を与えつつ存在し，それらが全体を構成しているのである．一見すれば，“表面”と“内部”は互いに大いに異なり，対立するようではあるが，それらは相補的な関係にある．この「対立概念は互いに相補的である」というのは，“量子論の父”といわれるボーア（1885–1962）が明らかにした「相補性の原理」（本シリーズ『したしむ量子論』など参照）なのであるが,その真髄は,すでに2500年も前に古代中国の陰陽思想に述べられている．

古代中国では，対立概念の相補性を「陰」と「陽」で表わし，この両者の相互作用をすべての自然現象，すべての社会現象，すべての人間活動の本質とみなした．それを象徴的に表わすのが図1.2に示す太極図である．

これから，“表面（外見）”と“内部（中身）”を考える際，図1.1とともに，この太極図を思い浮かべていただきたい．太極図は人生全般にわたり，極めて

**図 1.2**　太極図

有用な図だ，と私はいつも思っている．

## ■表面の影響力

いま述べたように，“表面”と“内部”は互いに密接に関係し，強い相互作用を及ぼし合っている．しかし，同じ“内部”であっても，“表面”から遠去かるに従って“表面”の影響が小さくなり，ある程度以上の深さになれば，それを無視できるようになる．このような，表面の影響を無視できるような状態の物質を**バルク**（bulk）と呼ぶことがある．

本章の冒頭で「薄膜は表面だらけの物質」と述べたが，以下，“表面の影響力”を定量的に考えてみよう．

いま，図1.3に示すような1辺の長さが$l$の立方体（正6面体）の粒子について考える．

この粒子の全表面積は$6l^2$で，体積は$l^3$である．この物質の密度を$\rho$とすれば，重さは$\rho l^3$となるから，この物質1g当たりの表面積$A$は

$$A=\frac{6l^2}{\rho l^3}=\frac{6}{\rho l} \tag{1.1}$$

で与えられる．

例えば，代表的な半導体であるシリコン（Si）単結晶について，$l$ [cm] に対する$A$ [cm$^2$/g] を式（1.1）より求めてみると表1.1のようになる．粒子が小さくなるに従って1g当たりの表面積が非常に大きくなっていくことが明らかに示される．“ナノ（$=10^{-9}$m）”の大きさの粒子になると，わずか1gのシリコンの総表面積が25800000（$=2.58\times10^7$）m$^2$，つまり，およそ780万坪の

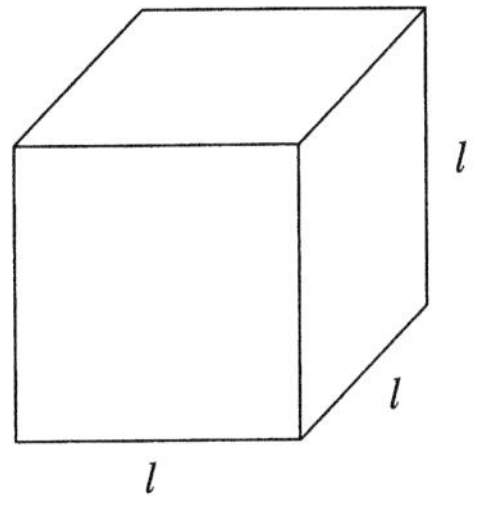


**図 1.3**　立方体

表 1.1　シリコン粒子の大きさと 1 g 当たりの表面積

| $l$ [cm] | $A$ [cm$^2$/g] |
|---|---|
| 1 | 2.58 |
| $10^{-1}$ (= 1 mm) | $2.58 \times 10$ |
| $10^{-3}$ | $2.58 \times 10^3$ |
| $10^{-5}$ | $2.58 \times 10^5$ |
| $10^{-7}$ | $2.58 \times 10^7$ |
| $10^{-9}$ | $2.58 \times 10^9$ |
| $10^{-11}$ (= 1 nm) | $2.58 \times 10^{11}$ |

表 1.2　粒子径，原子数および表面原子の割合の関係

| 粒子径 | 原子数 | 表面原子の割合 |
|---|---|---|
| 10 nm | 30,000 個 | 20 % |
| 5 | 4,000 | 40 |
| 2 | 250 | 80 |
| 1 | 30 | 99 |

（黒川洋一，化学と教育，**47** (1999) 302 より）

図 1.4　究極のマイクロクラスター

広さになる．これは，甲子園球場のグランドの面積（14,700 m$^2$）のなんと，約 1755 倍に相当する．

一般に，直径が数十 nm（原子数にして数万個）以下の微粒子を**超微粒子**と定義するが，数百個あるいはそれ以下の数の原子から成る超微粒子を**マイクロクラスター**と呼ぶことがある．原子が数百個凝縮したクラスターの直径は 2 nm ほどになる．表 1.2 に示すように，超微粒子，マイクロクラスターの粒

子径が小さくなり，それを形成する原子数が少なくなればなるほど，全体の原子数に対する表面原子数の割合が増大し，粒子全体に与える表面の影響が大きくなる．

図 1.1 にならって，究極のマイクロクラスターを模式的に描いたのが図 1.4 である．この場合，この粒子を形成するすべての原子が“表面原子”である．

## 1. 2　表面と界面

### ■固体表面

話が前後するが，“表面”を国語辞典風に定義すれば「物体の一番外側の部分」である．この“表面（surface）”を物理的に厳密に定義すれば，物体（物質）と真空との境界面のことであるが，一般的には，空気のような気体と液体や固体などの**凝縮相**とが接したときの**境界面**を指す．

本書では主として固体の表面について述べる．

厳密な意味での“表面”は，上述のように「一番外側の部分」で，図 1.1 でいえば“手”の先のことであり，“表面”に“厚み（深さ）”はないのであるが，物理的あるいは化学的現象が関与する“表面”には“厚み（深さ）”がある．一例として表 1.3 に示すように，その“厚み（深さ）”は対象とする現象や機能に依存する．

例えば，後述するように，**触媒反応**など，表面での化学反応は，吸着した分

**表 1.3**　表面の機能と関与する厚み（深さ）

表面

| | | | |
|---|---|---|---|
| （対数スケール） | Å | $10^{-10}$m | 触媒作用・薄膜形成 |
| | nm | $10^{-9}$m | |
| | $\mu$m | $10^{-6}$m | IC デバイス，錆 |
| | mm | $10^{-3}$m | |

（川合真紀，堂免一成『表面科学・触媒科学への展開』岩波書店より，一部改変）

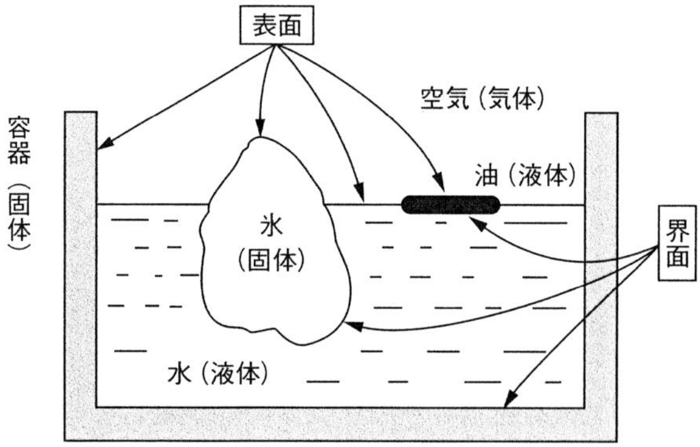


図 1.5　表面と界面

子が文字通り表面の原子（図 1.1 で自由な“手”を持つ原子）と結合することによって生じるので，関与する表面の厚さは 1 原子層の厚さに相当する数 Å（1 Å $=10^{-10}$ m）ほどになる．また，4.3 節で述べる固相成長や気相成長などによる薄膜形成においても，直接的に関与する表面の厚さは 1 原子層の厚さほどである．

一方，われわれが日常生活でしばしば目にする“金属の錆”は，表面から数 μm ～数十 μm の深さに至る**酸化**という化学反応の結果である．また，半導体集積回路（IC）の基本構成要素は，半導体結晶表面から≦1 μm ほどの深さまでドーパント（添加物）を拡散あるいは注入することによって形成される．

**■界面**

いま“表面”を「凝縮相と気体（真空）との境界面」と定義したのであるが，“境界面”はそのほかの場合にも生じる．例えば，図 1.5 に示すように，容器に入れた水に氷や油が浮いている場合のことを考えてみよう．

前述のように，容器（固体），氷（固体），水（液体），油（液体）の空気（気体）との境界面が**表面**である．これに対し，凝縮相（固体，液体）同士の境界面は**界面**と呼ばれる．“界面”は英語では“interface”であるが，これは「……の間，相互に」を意味する“inter-”と「面」を意味する“face”が合わさってできた言葉である．ちなみに“表面”を表わす“surface”の“sur-”は「上，超過」を意味する接頭語である．

界面は表面とは異なり，物質相互間の内部に位置するので，観察，測定，評価には特別の工夫が必要となる．

### ■固相界面

エレクトロニクスなど固体材料が関係する先端技術分野において，特に重要なのは，固体-固体界面（**固相界面**）である．その重要性は，材料の薄膜化，またナノテクノロジーに向かい一層増している．このような事情から，単に界面というと，固相界面を指す場合が多い．

例えば，図1.6は電界効果型トランジスター（FET, field effect transistor）の基本原理となっている金属（metal）/ 絶縁体（insulator）/ 半導体（semiconductor）の積層から成るMIS構造の断面概略図であるが，ここに2種類の界面（M/I と I/S）が存在している．さらに，図1.7にMOS（metal-oxide-semiconductor）トランジスター（厳密には，n-channel MOS；nMOS）の基本構造の断面概略図を示すが，ここには，M/O，O/S，n型半導体（n-S）/ p

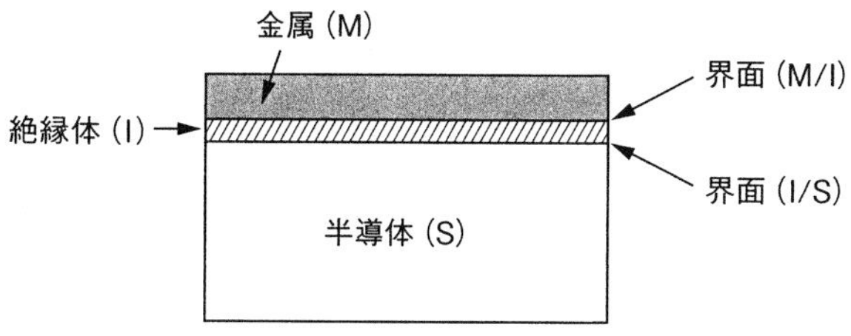


**図 1.6** 金属-絶縁体-半導体（MIS）構造における界面

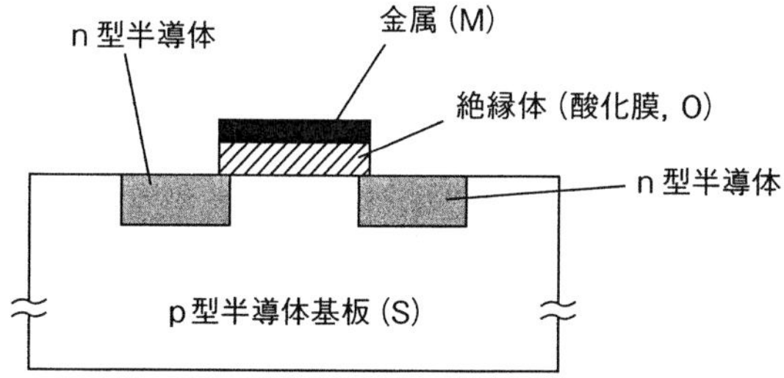


**図 1.7** MOSトランジスターの基本構造

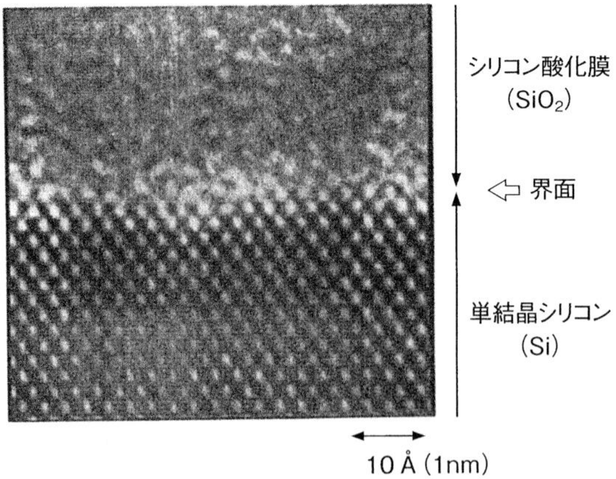


図 1.8 $SiO_2$/Si 界面の高分解能電子顕微鏡像

型半導体（p-S）の 3 種類の界面が存在している．

図 1.8 は絶縁体 ($SiO_2$)/ 半導体 (Si) 界面の高分解能電子顕微鏡 (HR-TEM) 像である．Si は単結晶であり，それを示す規則正しい格子像が見られる．一方の $SiO_2$（シリコン酸化膜）は非晶質であるため規則正しい格子像は見られない．このような単結晶 Si と非晶質 $SiO_2$ とが絶妙な結合によって界面を形成しているのであるが，その詳細については 2.2 節で述べる．

半導体デバイスの性能は，これらの界面の巨視的（マクロ），微視的（ミクロ）構造と特性に強く依存するので，界面の研究は決定的に重要である．

繰り返し強調するが，材料の薄膜化，微細化，技術のナノ化に伴ない，表面と界面の役割の重要性と影響の大きさが一層増していく．

## 1.3 表面と先端技術

### ■半導体デバイスと洗浄

超高集積回路（VLSI, ULSI）製造の基本工程の数は 200 以上にもなり，その中で洗浄工程は約 1/3 を占める．図 1.7 に模式的に示したように，半導体デバイスは半導体基板（ウエーハ）の表面領域（表 1.3 参照）に作られるので所望のデバイス特性を得るためには清浄かつ結晶学的完全性の高い表面を実現することが必須である．例えば，上述の電界効果型トランジスター（FET）は現在のVLSI, ULSIの基盤・基本要素であるが，その開発，実用化の歴史はまさに清浄かつ結晶学的完全性の高い半導体表面の実現の歴史でもあった．

半導体基板表面から不純物や微粒子を除去し，清浄かつ結晶学的完全性の高い表面を実現するためには各種の洗浄が必要である．

洗浄は一般的に，化学的洗浄と機械的（物理的）洗浄に大別される．化学的洗浄は，洗浄液を用いる湿式洗浄と洗浄ガスを用いる乾式洗浄に大別される．

このような化学的洗浄の基礎を成すのが，表面科学の分野では比較的古くから注目されていた**触媒作用**と**防食（蝕）**である．

図1.1の“人”を原子に置き換えた時，“自由な手”は**ダングリング・ボンド**と呼ばれる**未結合手**である．ちなみに，この“ダングリング（dangling）”は“ぶら下がってブラブラしている”という意味である．このような未結合手は，常に結合の相手を求めているわけであるから，一般的に，表面に配列している原子は化学的に活性である．つまり，未結合手は化学反応を促進する「触媒作用」を持つ．一方，防食（蝕）は，活性な表面を酸化などの処理により不活性にするものである．逆に，洗浄効果を高めるために表面を活性化させる表面活性剤の一種が洗剤である．

現時点において，半導体基板に対するさまざまな洗浄法が開発，実用化されているが（参考図書2-1など参照），半導体エレクトロニクスのさらなる発展のために，洗浄に関係する表面科学への期待が一層高まっていくだろう．

**■薄膜**

先端技術分野において“薄膜”の重要性が一層増しつつあることはすでに何度か述べたのであるが，実は“薄膜形成の歴史”は意外に古い．本章冒頭で述べた奈良の大仏の金色の表面を飾ったのは，実は金の薄膜であった．また，現在の薄膜作製の主要な技術の一つである**真空蒸着法**は1857年にファラディ（1791-1867）が初めて行なった方法といわれている．

さて，いままで“薄膜”という言葉を明確な定義なしに漠然と使って来たのであるが，現在の技術分野では，一般に厚さが数$\mu$m程度以下の膜を**薄膜**と呼んでいる．そして，10$\mu$m程度以上の膜は**厚膜**と呼ばれる．

近年の先端技術分野で薄膜が注目されているのは，後述する超高真空技術や各種の表面評価技術など，さまざまな技術の発展によって，バルクとは性質が異なる，文字通り“薄膜”としての特異な特性を示す薄膜が実現されるようになったからである．

薄膜はさまざまな方法で作製される．

大別すると，薄膜には，支持する基板がなく薄膜そのものだけの自立膜と基板上に形成された膜の2種がある．ここでは，“表面”と密接に関係する後者の薄膜について考え，その作製法を図1.9に列挙する．現在，薄膜はこれらの

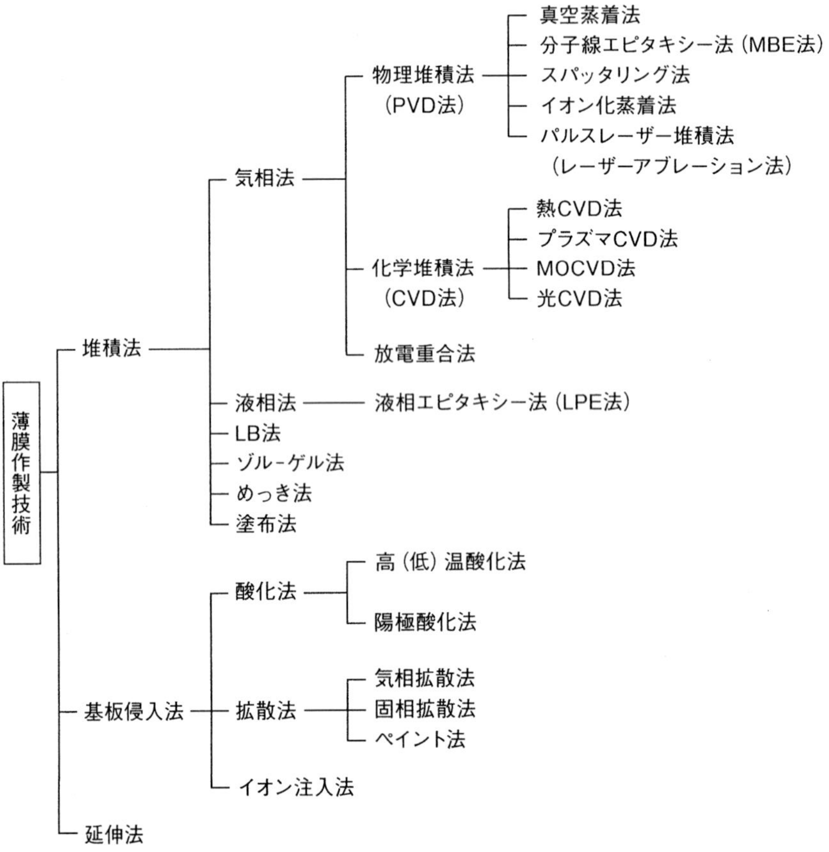


**図 1.9** 薄膜作製技術一覧（権田俊一監修『薄膜作製応用ハンドブック』エヌ・ティー・エスより）

さまざまな方法で作製され，その用途もさまざまであるが，先端科学・技術として最も興味深く，また最も重要なのは**PVD**（physical vapor deposition）**法**と**CVD**（chemical vapor deposition）**法**であり，物質としては，それらの方法で作製される単結晶薄膜であろう．近年特に，IC（integrated circuit）のさらなる高集積化や新機能化の要求などにより，半導体単結晶薄膜への関心が高まっている．

結晶薄膜に限らず，一般に結晶成長は基板あるいは核となる固体と液体あるいは気体との界面で進行する自然現象であるが，そのような環境をさまざまな方法で装置内に人工的に作ることによって，多くの新奇な物質の結晶成長が行なわれている．

近年，急速な勢いで発展したPVD法の一種である**分子線エピタキシー**（MBE, molecular beam epitaxy）は，超高真空下で成分元素の分子ビームを発生させ，これを清浄な基板結晶表面に当てて，1原子層ずつ制御しながら単結晶薄膜を成長させる技術である．このような高精度の技術によって，自然界には存在し得ない**超格子**と呼ばれる構造を形成することが可能になっている．**人工超格子薄膜**は，まさに表面科学と表面技術の進歩のたまものといえるだろう．

**■人工超格子薄膜**

以下，“表面”および“界面”が深く関わる**新素材**の例をいくつか挙げておきたい．

上述の人工超格子薄膜は，2種あるいはそれ以上の物質（一般的には半導体，磁性体，金属など）をナノメートル（nm）オーダーで人工的に，あたかも“結晶格子”のように積層した薄膜であり，すでに半導体レーザーの分野などに応

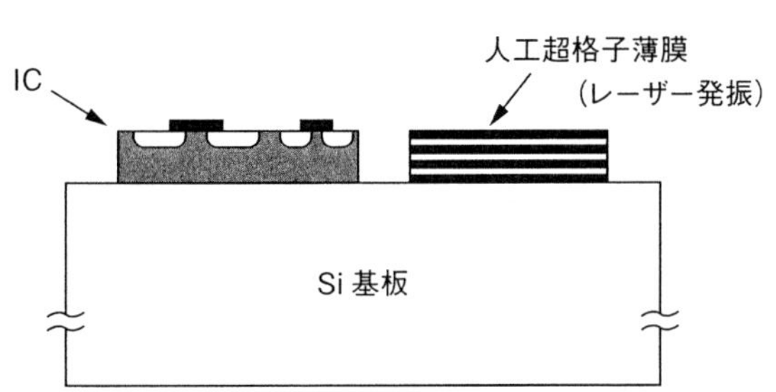


**図 1.10** Si基板上のICと人工超格子薄膜（断面模式図）

用されている．例えば，ガリウム・ヒ素（GaAs），アルミニウム・ヒ素（AlAs）など異なった組成や特性を持つ半導体薄膜を交互に，**量子サイズ効果**が生じる程度に薄く積層した人工超格子薄膜は**量子井戸レーザー**と呼ばれるレーザー発振素子に応用されている．

このようなレーザー発振素子と従来のICをシリコン基板上に作製した，図1.10に示すような**ハイブリッド集積素子**も実現している．

**■フラーレンとカーボン・ナノチューブ**

この地球上に炭素化合物は無数にあるが，単体の**同素体**として一般に知られているのは図1.11に示す非結晶の炭，結晶のグラファイトとダイヤモンドである．グラファイトは，$sp^2$ 混成軌道により共有結合した6個の炭素原子が形

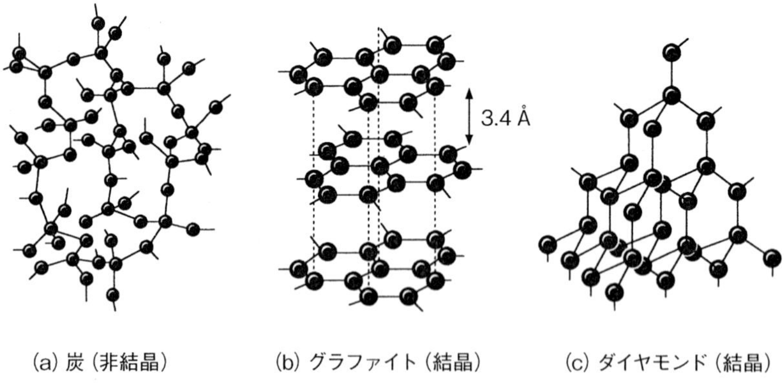


**図 1.11**　炭素同素体

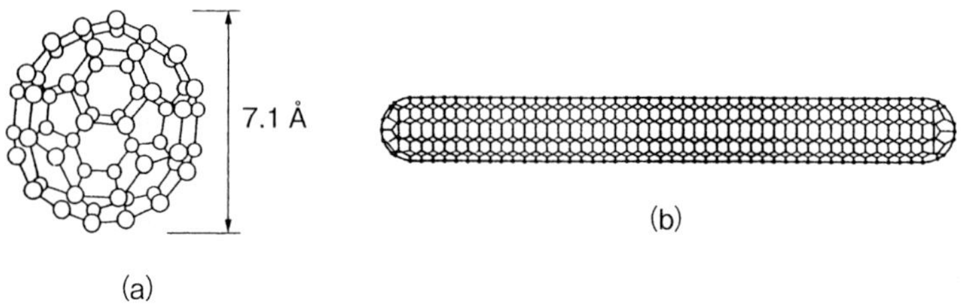


**図 1.12**　フラーレン（a）とカーボン・ナノチューブ（b）

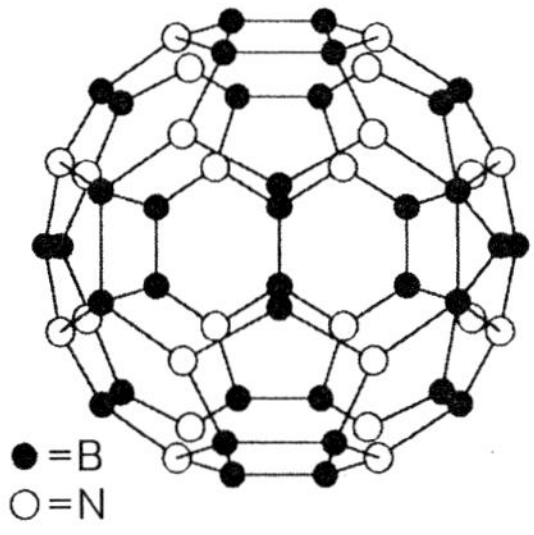


図 1.13 異元素ヘテロ・フラーレン（$B_{36}N_{24}$）

成する6員環が2次元的に結合した亀の甲型6角網目平面が，ファン・デル・ワールス結合により3.4Å間隔で積層した構造である．ダイヤモンドは$sp^3$混成軌道による共有結合で形成される，いわゆるダイヤモンド構造である．

炭素の新しい同素体として，それぞれ1985年，1991年に発見されたフラーレン（図1.12(a)）とカーボン・ナノチューブ（図1.12(b)）は，グラファイトと極めて近い結合様式を持つ結晶体である．いずれも，亀の甲型6角網目平面を基本構造にしている．

フラーレンは，60個の炭素原子で構成される（そのため，一般に"$C_{60}$"と表記される）6員環20個，5員環12個から成る32面体のボール状の分子で，その直径は約7Åである．ボールを構成する炭素原子の数が60個以上の**高次フラーレン**（$C_n$；$n>60$）も知られている．

また，フラーレンの骨格に炭素以外の元素を組み込んだ**異元素フラーレン**（例えば$Si_{60}$）や図1.13に示すような**異元素ヘテロフラーレン**（例えば$B_{36}N_{24}$）なども考えられる．

これらボール状フラーレンの特徴は，構成原子がすべて"表面原子"ということである（図1.4参照）．つまり，フラーレンは究極のマイクロクラスターでもある．マイクロクラスターにおいては，さまざまな**量子サイズ効果**が現われる．例えば，本来，光を効率よく発することがない**間接遷移型半導体**のシリコンがマイクロクラスター化することにより，赤やオレンジ色の光を発する現象が観測されているが，これも量子サイズ効果によるものと考えられている．

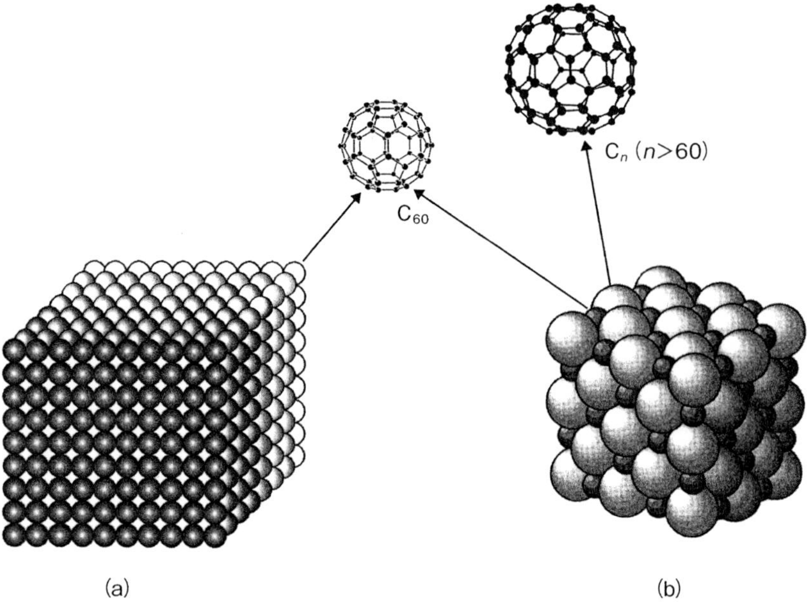


図 1.14　フラーレン $C_n$ を疑似原子と考えた炭素結晶

さらに，フラーレンの特徴の一つは，6 角網目平面を形成する個々の炭素原子は 2 重結合を 1 個持っているので，“表面原子” でありながら，図 1.1 の表面原子のようにダングリング・ボンド（未結合手）がないことである．したがって，フラーレン型の分子は共有結合をすることができない．

究極のマイクロクラスターであるフラーレン型分子自体に関する興味は尽きないが，さらに，例えば，図 1.14 (a), (b) に示すような $C_n$ フラーレンを**擬似原子**とみなした結晶体の特性も極めて興味深い．さらに，図 1.13 に示したような異元素ヘテロフラーレンを擬似原子として形成された結晶など，表面科学が密接に関係する新素材への夢は果てしなく膨らんでいく．

一方，図 1.12 (b) に示されるカーボン・ナノチューブ（CNT）は，亀の甲型網目平面のグラファイト・シートを丸めて得られる円筒形になっている．単層あるいは多層の CNT が観察されているが，単層 CNT の直径は約 7 Å で，これは $C_{60}$ の直径と一致する．つまり，見方を変えれば，CNT は “極長” ある

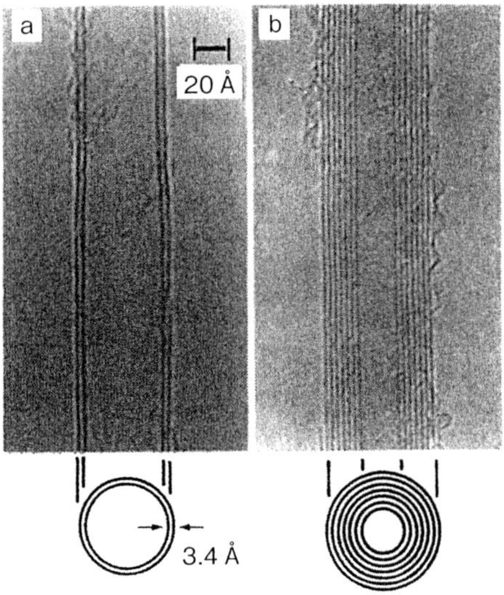


**図 1.15** カーボン・ナノチューブの高分解能透過電子顕微鏡像（写真提供：日本電気㈱・飯島澄男氏）．(a) 2 層構造，直径 55 Å，(b) 7 層構造，直径 67 Å

いは“巨大”フラーレンともいえる．そこで，図 1.12 (b) には，$C_{500}$ が CNT として描かれているのである．

実際の多層 CNT の断面の高分解能透過電子顕微鏡像を図 1.15 に示す．各層の間隔は“予想通り”グラファイトの層間隔と一致する 3.4 Å になっている．

CNT を構成する原子も，フラーレンの場合と同様，基本的にはすべて未結合手を持たない“表面原子”である．このような極めて特異な中空の円筒型構造を持つ CNT は，すでに，ナノテクノロジーの“旗手”として広範な分野に応用されている．

**■超高真空技術**

フラーレンや CNT のような特異な物質の場合を除き，一般的には，常に未結合手を伴なう“表面”は化学的に活性であり，周囲の環境に極めて敏感である．つまり，固体表面には原子や分子が吸着しやすく，それにより表面の構造や物性が著しく変化する．

したがって，“表面”の研究には，清浄な表面を得る技術と共に環境を清浄に保つ技術，具体的には**超高真空技術**が不可欠である．事実，表面科学は，これらの技術の確立と共に発展して来たのである．特に近年のナノテクノロジーにおいては，原子オーダーで制御された表面を実現し，同時にそれを観測することが求められ，超高真空技術への依存度が大きくなっている．

真空技術は，表面科学のみならず，広範囲の物理学の実験を支える基礎技術の一つである．この場合の“真空”とは，大気圧（約 $10^5$Pa）より低い圧力の気体で満たされた空間内の状態を意味するが，**超高真空**とは一般に $10^{-5}$Pa 以下の圧力の領域である．特に，$10^{-9}$Pa 以下の領域は**極高真空**と呼ばれることがある．

超高真空技術は，1950 年代に圧力測定の方法が確立してから始まったといえる．超高真空状態を実現するためには，まず超高真空の圧力を測定できなければならないのは道理である．

現在では，上記の超高真空測定技術や超高真空状態を実現するための材料技術，減圧技術を含むさまざまな技術の発展の結果，極高真空が得られており，表面科学に大きな寄与をしている．同時に，表面科学が超高真空技術の発展に大きな寄与をしているのである．

### チョット休憩● 1

### “見かけ”と“中身”に関わる諺（ことわざ）

本章では物質（物体）の“表面”と“中身”の物理的性質の違いを述べたのであるが，“表面”と“中身”があるのは何も物質（物体）に限ったことではない．世の中のあらゆる事象，人間にも“表面”と“中身”があることはいうまでもない．世の中に存在するものの“表面”と“中身”の違いは，むしろ，物質（物体）の“表面”と“中身”の違いよりも圧倒的に大きいだろう．物質（物体）の場合，“表面”と“中身”はかなり違う，といっても，“表面”は“中身”との密接な関連の上に存在しているものだけれども，世の中に存在するものの“表面”と“中身”は互いにまったく無関係であることが少なくないのである．だから，われわれは，物事や人物を外見や表面だけで判断，評価したりすることのないように気をつけなければならない．

それだけに，古今東西，「“表面”と“中身”の違い」を戒める諺は少なくないのである．

以下，自戒を込めて，日本語と英語の諺をいくつか紹介してみよう．読者のみなさんにもお役に立てば幸いである．

この「分野」で最も知られているのは，本文でも紹介した「馬子にも衣装」であろう．これに相当する英語の諺には，日本語とほとんど同じ発想の“Fine feathers make fine birds.”や“Apparel makes the man.”がある．だから，人間は「外見」を飾りたがるし，実際，社会的に，その「飾り」の効果は大きいのである．しかし，われわれは，服装や肩書きなどさまざまな「衣装」に惑わされてはいけない．

このほかに，自然現象でも，人間でも，「表面」と「内実」とが必ずしも一致しないことを諌める諺は少なくない．

例えば，「浅瀬に仇波」は「浅はかなものほど大騒ぎをする」という意味で，これに相当する英語の諺は“Empty vessels make the greatest sound.”（中身のない樽は一番大きな音を出す）あるいは“Barking dogs seldom bite.”（吠える犬は噛みつかない）だと思うが，これらも日本語と英語の発想は同じである．面白い．

以上の例は，ほんの一部で，このほかにも「“表面”と“中身”の違い」を戒める諺はたくさんある．これはとりもなおさず，われわれ人間が物事や人物を外見や表面だけで判断，評価したりする過ちを繰り返してきた証拠であろう．このような過ちを冒さないためにも「表面物理」を学ぶ意義がありそうだ．

## ■演習問題

**1.1** 自分の周囲で，外見（表面）の印象と中身（内部）の本質とが一致しない事例を探してみよ．

**1.2** 図 1.4 を参照し，最少のすべて“表面原子”から成る究極のマイクロクラスターの立体構造を考えよ．

**1.3** 表 1.2 の「粒子径」を横軸，「表面原子の割合」を縦軸にして，両者の関係をグラフで表わしてみよ．

**1.4** トランジスターの開発の歴史において，バイポーラー・トランジスターより，本文で述べた FET（図 1.7 参照）の方がデバイス的に優れていることはわかっていたのであるが，1947 年，最初に実験したのはバイポーラー・トランジスターであり，FET が実現するまで，それから十数年を要した．なぜ，優れている FET が先に実現しなかったのか．バイポーラー・トランジスターの構造と動作原理と共に，その理由を自分で調べてみよ．

# 2 表面・界面の構造と状態

物質は3次元構造を持っている．一般に，その圧倒的部分は“内部（バルク）”であるが，すべての物質，物体には必ず“表面”が存在する．表面がないモノはない．

われわれが肉眼で観察するのは，その“表面”である．表面は，まぎれもなく物質，物体の一部ではあるが，それは必ずしも全体の性質を表わすものでも，全体の性質を代表するものでもない．前章で概念的に触れたように，表面と内部の原子構造は互いに異なるし，その結果，それらの性質も互いに異なることになる．また，特に“表面の利用，応用”を考える場合に注意しなければならないのは，表面の電子状態が内部（バルク）のそれと著しく異なることである．それにもかかわらず，再度強調すれば，いかなる物質，物体においても“外”に現われるのは必ず“表面”なのである．

また，前章で述べたように，基本的に“表面”が真空と物質の境界であるのに対し，“界面”は2物質A，B間の境界である．しかし，その“境界”は物質Aと物質Bが単に接しているだけのものではなく，新しい物質あるいは相Cが発現することもある．

本章では，このような表面と界面の原子構造と電子状態の基礎について考える．

## 2.1　表面の原子構造

### ■結晶構造

固体材料の化学的，物理的，電気的性質は，その原子レベルの構造に強く依存する．まずは，その物質が**結晶**であるか**非結晶**であるかに大きく左右される．結晶は，図 2.1 に示すように，その構成原子（あるいはイオン，分子）の配列が 3 次元的な規則性を持つもので，結晶の諸性質の多くは，その原子配列の仕方（**結晶構造**）によって決まる．また，同じバルク結晶であっても，面，方位（後述）によって，その性質は著しく異なる．このように“方位によって性質が異なること”を**異方性**と呼ぶ．それに対し，非結晶（非晶質）物質の原子配列はどの方位から見ても同様に不規則であるから，非結晶物質は異方性を持たず**等方性**である．

一般に，結晶の基本構造は，構成原子を“点”（**格子点**）で表わした**単位格子**で示される．自然界に無数に存在するさまざまな物質の結晶構造は，基本的に，図 2.2 に示す 7 種の**結晶系**，そしてさらに細かく 14 通りの**ブラヴェ格子**のいずれかに分類される．図中の $a, b, c$ を**軸長**，$\alpha, \beta, \gamma$ を**軸角**，これらを合わせて**格子定数**と呼ぶ．

これらの中で，最も単純かつ基本的なのは，**立方晶系**（$a=b=c$，$\alpha=\beta=\gamma = 90°$）である．**単純立方格子**は，立方体の 8 個の角に原子が位置するものであり，**体心立方格子**（bcc）はその 8 個の原子に加え，立方体の中心（体心）

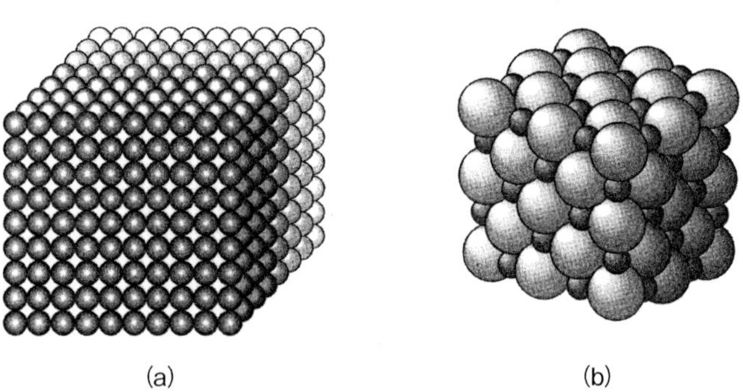


図 2.1　結晶中の原子配列

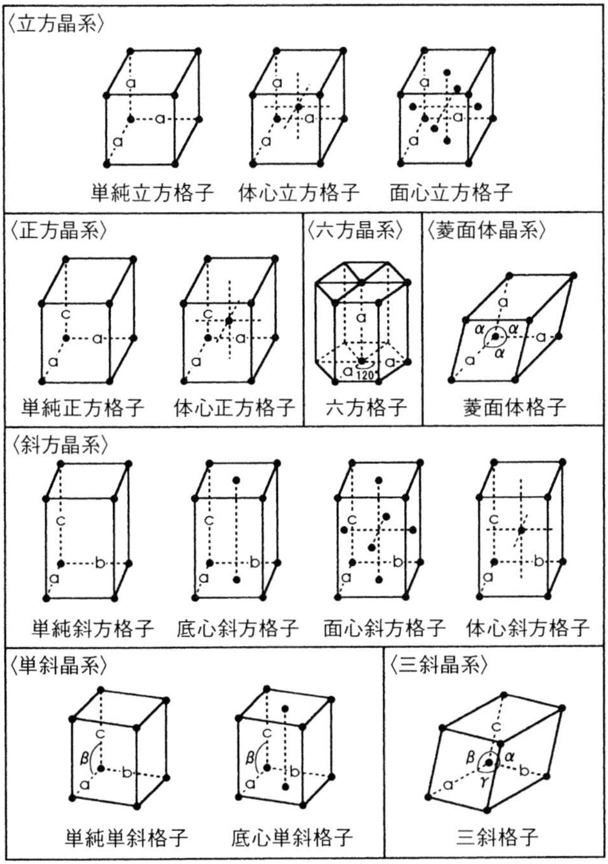


**図 2.2** ブラヴェ格子

に 1 個の原子が位置するものである．また，**面心立方格子**（fcc）は，単純立方格子の 8 個の原子に加え，各面の中心（面心）に 1 個ずつ，計 6 個の原子が位置するものである．

工業的に重要な材料である半導体やダイヤモンドは，図 2.3 に示す**ダイヤモンド構造**と呼ばれる結晶構造をとる．この構造は一見すると複雑なのであるが，基本的には 2 個の面心立方格子の複合によって形成されている．

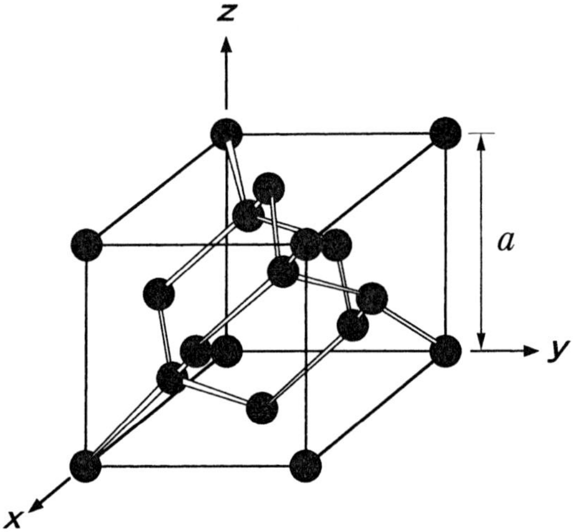


図 2.3　ダイヤモンド構造の単位格子

## ■結晶構造の特徴

結晶の基本構造は図 2.2 に示したブラヴェ格子によって知ることができるが，われわれが実際に固体あるいは材料として扱う結晶は無数の原子（ダイヤモンド構造のシリコンの場合，$5\times10^{22}$ 個/$cm^3$）によって形成されているものである．単純立方格子の集合体を表わす図 2.1 (a) を見れば理解しやすいが，一群の原子が配列する層は平面と見なすことができ，このような平面を**結晶面**と呼ぶ．

例えば，図 2.4 に示すように，体心立方格子について，アミカケを施した 3 つの基本結晶面を考え，それぞれを {100} 面，{110} 面，{111} 面と命名する (なぜこのように命名されるのかについては，巻末の参考図書 2-2 などを参照していただきたい)．なお，これらの数字は“イチ”，“ゼロ”と読む．例えば {110} 面は「イチイチゼロ面」である．

また，このような基本結晶に垂直な方向を**基本結晶方位**として，それぞれ ⟨100⟩，⟨110⟩，⟨111⟩ と表わす．数字の読み方は結晶面の場合と同じである．カッコの形が違うことに留意していただきたい．

図 2.3 のダイヤモンド構造の原子群を上記の 3 つの基本結晶方位から眺めた

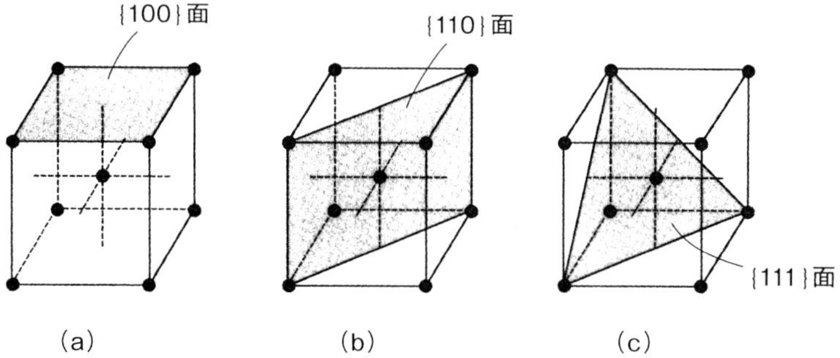


**図 2.4** 体心立方格子の基本結晶面

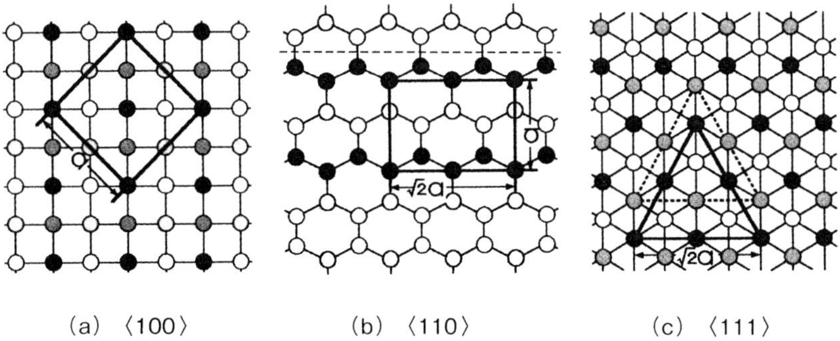


**図 2.5** 基本結晶方位から眺めたダイヤモンド構造格子の原子配列

場合の原子配列を図 2.5 に示す．図中，太線は単位格子（図 2.3）の領域を示し，異なったシンボルで表わされた原子は各方位に垂直な異なった結晶面上の原子であることを意味している．

図 2.5 から，結晶（正確にいえば**単結晶**）の機械的，物理的，化学的，そして電気（電子）的性質が結晶面（結晶方位）に依存することが容易に理解できるだろう．これが先に述べた**異方性**である．この異方性が結晶の最大の特徴であり，“表面” は，その異方性が顕著に現われる場所なのである．

以上，結晶の構造，特徴について簡単に述べたが，詳細については，巻末の参考図書 2-2 などを読み，理解を深めていただきたい．

## ■表面構造

物理学に関する本としては，“表面”と“内部”を図1.1のような図で説明するのはいささか不似合だったかも知れない．しかし，それぞれの構成原子が置かれた“環境”の違い，そして，それに伴なう，それぞれの原子の性質の違いを，少なくとも感覚的には，完全に理解していただけたのではないかと思う．何事も，まず感覚的に理解することが大切である．また，そのような感覚自体が大切なのである．かのアインシュタインは“Imagination is more important than knowledge.”といっている．

図1.1の“人”を原子に置き換えて考えればわかるように，結晶の表面は周期的な原子配列が消失する場所である．つまり，結晶表面では原子配列が内部（バルク）とは異なり，その結果，表面の諸性質は内部のものと異なるのである．さらに，どのような結晶面が表面に現われるかによって，それぞれの性質が異なるという結晶の“異方性”が加わるわけである．

例えば，ダイヤモンド構造（図2.3）の{111}表面（図2.4, 2.5参照）およびその近傍の原子構造を図2.6に模式的に示すが，表面原子は**共有結合**の相手を失なったダングリング・ボンド（未結合手）を持つ．1.3節で述べたように，ダングリング・ボンドを持つ表面原子は化学的に活性である．図2.5からもわかるように，原子密度は結晶表面によって異なるので，このダングリング・ボンドの密度も結晶表面によって異なり，したがって，化学的活性度は結晶表面に依存することになる．このような観点から，半導体デバイスの製造においては，使用基板（ウエーハ）の結晶面が慎重に選択されているのである（詳細に

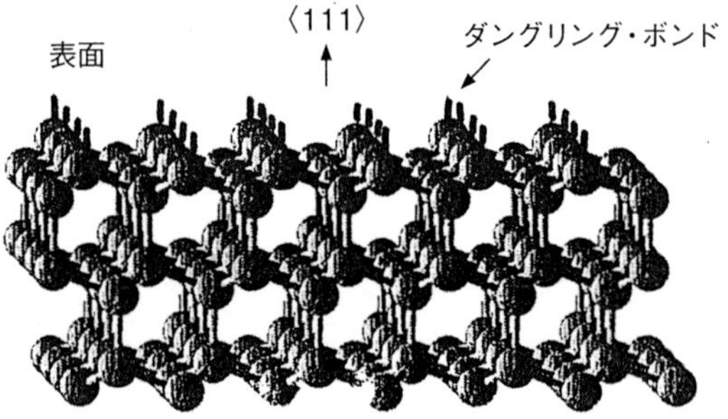


図 2.6 ダイヤモンド構造の{111}面の表面

ついては，巻末の参考図書 2-1 などを参照していただきたい）.

いま，図 2.6 を「ダイヤモンド構造の {111} 表面およびその近傍」と説明したのであるが，実は，これは**理想表面**を表わすものである．つまり，この図は，例えば図 2.5 (b) の点線の部分を切断したような場合に「現われるものと期待される表面」である．また，このような表面の原子配列を真上から眺めれば，それは図 2.5 (c) の●原子で表わされるようなものになることが期待されるのである．しかし，図 2.5 (b)，図 2.6 に示される表面は，あくまでも，表面の 2 次元的原子配列が内部のそれと同じと考えた場合の理想表面であり，実際の表面の原子配列は必ずしもそのようにはならないのである．内部の構造と異なる，結晶表面に特有の構造を結晶の**表面構造**という．以下，その表面構造の具体例について述べる．

■**表面緩和**

いま，図 2.7 (a) に示すような簡単な構造の結晶（バルク）の仮想的断面を考える．結晶は 3 次元的に無限に拡がっているものとし，図の上下および左右の端の影響は無視する．

化学結合論が明らかにするように，2 原子間には斥力と引力がはたらき，その合力の大きさはそれらの原子間距離に依存する．そして，ある特定の原子間距離（**結合距離**）で最小値（**結合エネルギー**）を持ち，その時，その 2 原子系は最も安定するのであるが，これと同じことが 2 原子層間の場合にもいえる．

無限に拡がるバルク結晶内では，すべての層は等価であるが，いま便宜的に

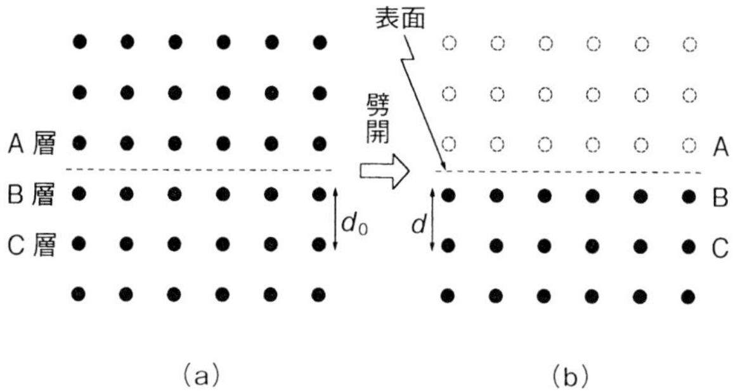


**図 2.7**　表面構造の生成

A, B, C 層について考える．この中で，いずれ，破線部の劈開によって“表面”になる B 層に注目する．

B 層の位置は，直接的には，その上下に横たわる A 層と B 層との相互作用（斥力と引力）によって決まっている．同様に，A 層，C 層の位置もそれぞれの上下にある層との相互作用によって決まっている．先述のように，これらの層はすべて等価なので，これらの層間距離は一様で，これを $d_0$ とする．

次に，破線に沿って劈開した場合のことを考える．

図 2.7 (b) に示すように，劈開によって A 層以上の層がなくなると，C 層にはたらく上向きの力が小さくなり，B 層からの斥力によって C 層の位置は（a）の場合よりも下の方向にずれる．したがって，この場合の B–C 間の距離 $d$ は (a) に示すバルク中の $d_0$ よりも大きくなる（$d > d_0$）．このような現象を**表面緩和**と呼ぶ．

例えば，図 2.2 に示す面心立方格子結晶において，{100}, {110}, {111} の各面（図 2.4 参照）が表面に露出した場合，表面の層を第 1 層として順に内部の層を 2, 3, … , $n$, $n$+1 層とし，この時，第 $n$ 層と第 $n$+1 層の間隔 $d_n$ を

$$d_n = d_\infty \ (1 + \delta_n) \tag{2.1}$$

で表わす．ここで $d_\infty$ は $n = \infty$ つまり表面の影響を完全に無視できるバルク中の層間距離で図 2.7 の $d_0$ に相当する．また，$\delta$ は“伸び率”である．この時，$n$ と $\delta_n$ との関係は図 2.8 のようになることが計算で得られており，この結果

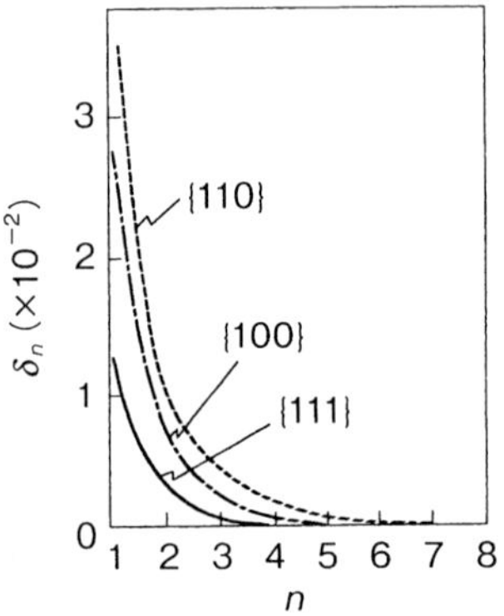


図 2.8　層間距離の変化（R.E. Allen and F.W. de Witte, *Phys. Rev.*, **179** (1969) 873 より）

によれば，いずれの結晶面においても表面近傍で $d_n$ が大きくなり，$d_1$ と $d_2$ の間でその伸びは数％に達する．また，$\delta_n$ に結晶方位依存性（異方性）が見られるが，いずれの面の場合も第5層より深くなると表面緩和の現象はほとんど見られなくなる．

以上は原子間の相互作用（斥力，引力）による緩和現象の説明であるが，構成原子がイオン化している金属結晶の場合は事情が少々異なる．金属原子（陽イオン）を結合させているのは全構成原子が共有する自由電子であり，表面付近では，その自由電子が内部に引き込まれていると考えられ，それに引きずられる形で表面近傍の金属原子（陽イオン）も内部へ変位し，その結果，表面近傍の原子層の間隔がバルク中よりも小さくなる．

いずれにせよ，表面の面間隔はバルク中のものと異なることを理解していただきたい．表面は“むき出し”なのだから，すべての点においてバルクと異なるのは当然といえば当然であるが．

**■表面再構成**

いま述べた表面緩和現象は，図2.5に示すような理想表面の周期性（**2次元並進対称性**）を変えてしまうようなことはないが，表面原子の配列が変化してしまう場合もある．このような現象を**表面再構成**と呼ぶ．また，その結果の構造を**表面再構成構造**という．このような表面再構成構造は，共有結合（性）の半導体結晶では一般的に観察されるものである．また，金（Au），白銀（Pt）などの貴金属やタングステン（W），モリブデン（Mo）などの遷移金属表面でも見られる．表面再構成構造は結晶面（方位）のほかに温度，吸着元素の有無，種類などに依存する．

再構成された表面構造に対して，バルク中と同じ理想的な表面構造は**(1×1)構造**と呼ばれる．図2.5や図2.6に示される表面構造は(1×1)構造である．

これに対し．表面原子の2次元の周期性を示す**基本並進ベクトル**の各結晶軸方向の大きさが理想表面の場合の $m$ 倍，$n$ 倍になった時，その構造を**($m$×$n$)構造**と呼ぶ．この($m$×$n$)構造は頭で考えても理解は困難なので具体例について図を用いて考えてみよう．

例えば，図2.9(a)に示すように，ダイヤモンド構造の{100}面を切断する場合を考える．(a)の上は切断面を真横断面(〈110〉方向)から眺めた図であり，

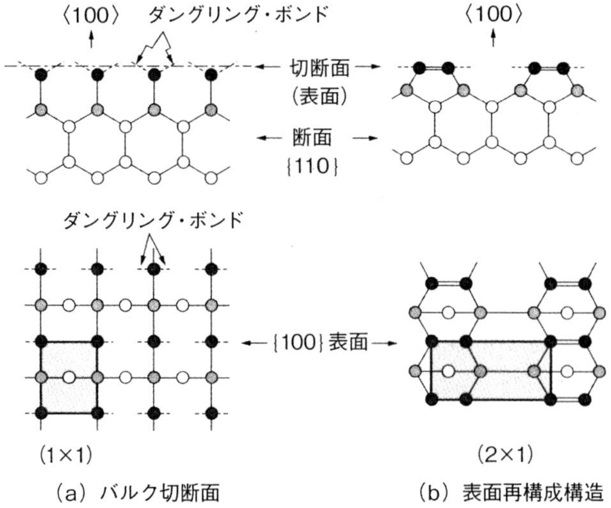


**図 2.9** バルク切断面と表面再構成構造

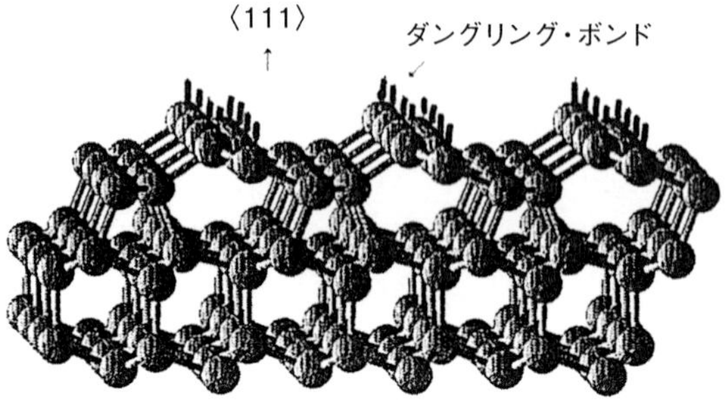


**図 2.10** ダイヤモンド構造の {111} 面の表面再構成 (2×1) 構造

下はその切断面({100} 面)を真上から眺めた図である．このバルクの切断面は，いわば“理想表面”で，この表面構造が **(1×1) 構造**と呼ばれるものである．

しかし，{100} 切断面の表面に露出する原子はそれぞれ 2 本のダングリング・ボンドを持っており，この状態では**表面エネルギー**が高く不安定なので，現実的には，表面原子は図 2.9 (b) に示すように結合し，表面エネルギーを低くする．

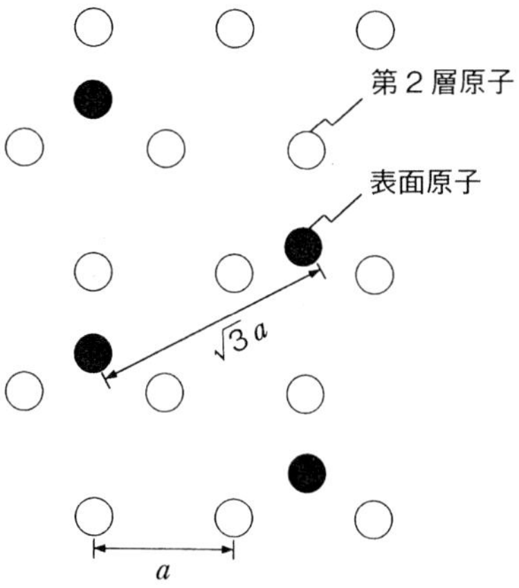


**図 2.11**　面心立方格子結晶の {111}−($\sqrt{3}\times\sqrt{3}$) 構造

これが表面再構成のメカニズムである．そして，この場合，(b) の下図に示されるように **(2×1) 構造**になっている．

また，図 2.6 にはダイヤモンド構造の理想的な {111} 表面構造を示したのであるが，実際の表面は図 2.10 に示すような (2×1) 構造になっている．

ところで，($m\times n$) 構造で $m$ と $n$ は整数とは限らず無理数になることもある．例えば，図 2.2 に示す面心立方格子の {111} 表面で図 2.11 のような ($\sqrt{3}\times\sqrt{3}$) 構造が現われることが知られている．

## ■清浄表面と吸着表面

いま述べた表面緩和や表面再構成は，いわば理想的に清浄な表面における現象である．どのような場合に表面緩和が起こり，どのような場合にどのような表面再構成が起こるのかは大変興味深い問題であるが，詳細については巻末に掲げる参考図書 3-1, 2 などにまかせることにしたい．要は，そのような現象は，その物質の**化学結合**（金属結合，イオン結合，共有結合，ファン・デル・ワールス結合）の性質，強さに強く依存するのである．

**清浄表面**に汚染元素などが吸着（4.1 節参照）した**吸着表面**における諸現象は，下地物質と吸着物質の組合せの数だけあるので複雑である．例えば，下地面の構造（緩和型か再構成型か），吸着物質と下地物質との相互作用などによって

表 2.1 吸着構造の分類

| 吸着構造 | 具体例 |
|---|---|
| ①下地面は再構成していないままで，吸着子の配列が吸着構造を決定する． | 金属上の安定分子の吸着（Rh {111} 面上のベンゼンなど）<br>グラファイト上の吸着（$N_2$，CO，$PF_3$，希ガスの吸着）<br>安定金属上の金属の吸着（W {110} 上の Na，Te，Gd の吸着） |
| ②再構成していない下地表面を再構成させながら吸着する． | 金属上のアルカリ金属や CO ガス吸着<br>(Cu {110} 上の Na や O の吸着，Ni {110} 上の O の吸着） |
| ③再構成構造を消失させ，結果として(1×1)構造上の吸着構造となる． | Si {111} 面上の Ga，In 吸着による $(\sqrt{3}\times\sqrt{3})$ 構造<br>Pt {110} 面上の CO の吸着 |
| ④再構成構造を保存したまま吸着する． | Si {001} (2×1) 上のアルカリ吸着や，Si {111} (7×7) 上の Xe の低温での吸着 |
| ⑤再構成構造を消失させ，新たな再構成吸着構造を形成する． | Si {111} (7×7) 構造上の金属の吸着<br>(Ag の作る $(\sqrt{3}\times\sqrt{3})$ 構造など）<br>Au {110} (2×1) 上の Cs 吸着 |

（小間篤，八木克道，塚田捷，青野正和編著『表面科学入門』丸善より，一部改変）

さまざまな吸着表面が考えられる．吸着前の下地表面の構造と吸着後の吸着表面の構造の観点から分類した吸着構造を表 2.1 に示す．

以下，極めて特異な吸着表面構造を示す⑤の Si {111} (7×7) 構造について簡単に述べる．

結晶表面の再構成構造の周期性については，電子線回折などの手段によってかなり以前から知られていたが，実空間での原子配列を実感させてくれる画期的な実験手段は，1980 年代初頭に開発された**走査トンネル顕微鏡**（**STM**）である．1983 年に，その STM の発明者であるビニッヒ，ローラーらによって発表されたシリコンの {111} 面の**(7×7) 構造**を示す STM 像は画期的であった．ちなみに，ビニッヒとローラーは STM の発明により 1986 年のノーベル物理学賞を受賞した．

この STM 像に基づいて，ビニッヒらは Si (7×7) 構造を図 2.12 に示す**12 原子吸着モデル**で説明した．図中，小さな白丸（○）は表面第 1 層の Si 原子，小さな黒丸（●）は第 2 層の Si 原子，大きな白丸（◯）は吸着原子（12 個）を表わしている．図の左上には (1×1) 基本構造が示されている．この軸長 $a_{111}$ は図 2.5 (c) の $\sqrt{2}\,a/2$ に相当する（$a = 5.431$ Å$= 0.5431$ nm)．

なお，シリコンの {111} 劈開面は，図 2.10 に示すような (2×1) 構造になるが，

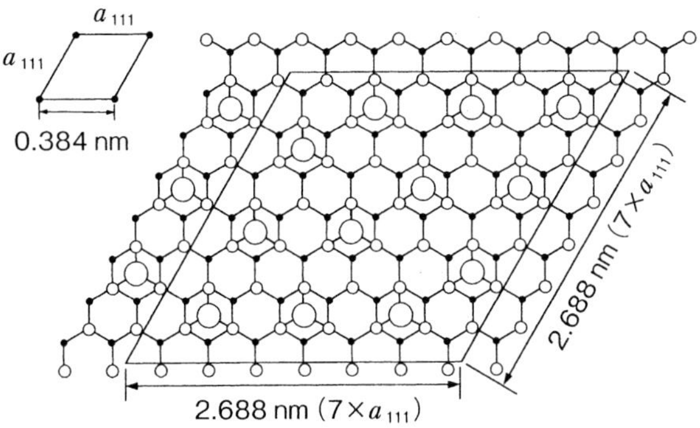


図 2.12 Si(7×7)構造の 12 原子吸着モデル

これをアニール（焼鈍）すると(7×7)構造になることから，{111}表面においては(7×7)構造が安定構造で，(2×1)構造は準安定構造と考えられる．

## 2.2 界面の原子構造

表面が基本的に真空と物質との境界であるのに対し，界面は2物質間の境界である．自然界にも，また人工的にもさまざまな“界面”が存在するが，以下「物理工学」分野における重要性を鑑み，半導体に関係する界面の例について述べる．

**■遷移領域**

近年の半導体エレクトロニクスの驚異的な発展をもたらした大きな理由の一つは，半導体シリコン（Si）表面に，極めて安定な絶縁体である二酸化シリコン（$SiO_2$）という物質が，シリコンの酸化という簡単なプロセスによって容易に得られることである．

実は，図1.8に示した高分解能電子顕微鏡（HR-TEM）像は，単結晶Si基板を熱酸化した時に成長した表面$SiO_2$膜と基板Siの界面を観察したものである．HR-TEMによって断面格子像を観察する限り，$SiO_2$/Si界面は極めて急峻な**ヘテロ接合**を形成している．しかし，巻末の**付録**に列挙したような，さまざまな分析法を用いた研究によれば，$SiO_2$/Si界面の両側には**構造遷移領域**が

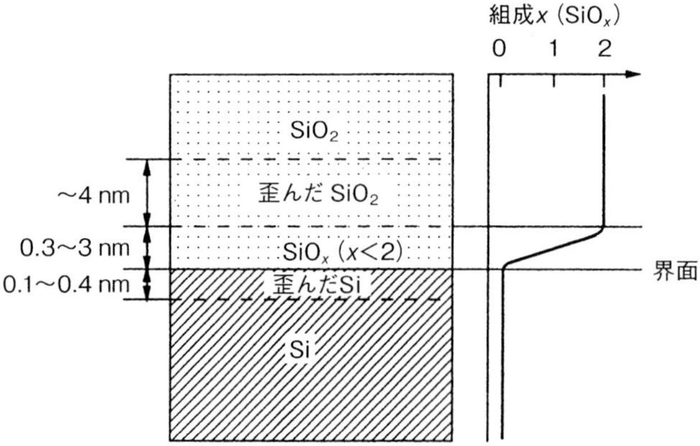


**図 2.13**　$SiO_2$/Si 界面の構造模式図（志村史夫『半導体シリコン結晶工学』丸善より）

存在する．化学組成的には，$SiO_2$ から直ちに Si につながることが可能であるという報告もあるが，現在までに得られている結果を要約すれば，$SiO_2$/Si 界面近傍の構造は図 2.13 のようになるであろう．各層の厚さは，シリコン基板面方位，酸化条件などにより異なり，図中に示す値は一つの目安である．

**化学組成遷移領域**について，図 2.13 には $SiO_2$ から Si まで $SiO_x$ の "$x$" が連続的に変化する場合が示されているが，この領域には**非化学量論的**シリコン酸化物である $Si_2O$, SiO, $Si_2O_3$ が存在するという報告もある．これらはいずれも酸化が不十分なシリコン酸化物で，結合形態としては $Si{-}O_xSi_{4-x}$ ($x=1, 2, 3, 4$) が考えられる．つまり，これらは Si−Si 結合を含む酸化物であり，その組成は酸化されるシリコン基板表面の結晶方位に強く依存することになる．

いずれにせよ，$SiO_2$/Si 界面は格子構造も化学組成も，そして熱膨張係数も異なる 2 相の**ヘテロ接合**部なので，そこには必然的に応力がはたらき，歪みを生じることになる．界面遷移領域は，基本的にはこの界面近傍に生じる応力を緩和するために形成されるのであるが，遷移領域の形成によって歪みを完全に除去するのは不可能であろう．図 2.13 に示すように，界面の両側には歪んだ領域が存在し，界面の機械的特性はもとより電気的特性などにも影響を及ぼすことになる．

## ■ SOI 構造

高集積化デバイスの設計および製造において最も重要な要素の一つは素子間分離である．2 次元（平面）的素子分離は横方向に絶縁物を配する技術によって行なわれる．半導体シリコン素子の場合，基板の深さ方向の絶縁分離に関しては，素子が構成される単結晶層を絶縁体上に形成する SOI（silicon-on-insulator）構造が理想的である．また，デバイスの多機能化に伴なう 3 次元化には SOI 技術が不可欠である．SOI 技術の発展により，能動素子の 3 次元化が可能になり，3 次元立体デバイス実現の道が開かれた．

SOI の基本構造は，用いられる基板（絶縁体あるいは単結晶シリコン）の違いによって，図 2.14 (a)，(b) に示される 2 種類のタイプに大別される．最も“伝統的”な SOI 構造は，サファイア（sapphire；$Al_2O_3$）基板上に Si 単結晶を成長させる SOS（silicon-on-sapphire）と呼ばれる (a) のタイプのものである．

(b) は，単結晶シリコン基板中に絶縁体（$SiO_2$）層を形成するもので，比較的最近開発され，特に，次項以下で述べるウエーハ接合（wafer bonding）と SIMOX（separation-by-implanted oxygen）による SOI 技術はすでに実用化され，さまざまなデバイス製造に用いられている．

図 2.14 を見れば明らかなように，SOI 構造には必然的に半導体/絶縁体あるいは半導体/絶縁体/半導体の界面が存在し，この界面の結晶学的構造や電気・電子的特性を理解することは極めて重要である．

以下，接合ウエーハ，SIMOX-SOI の界面構造について述べる．

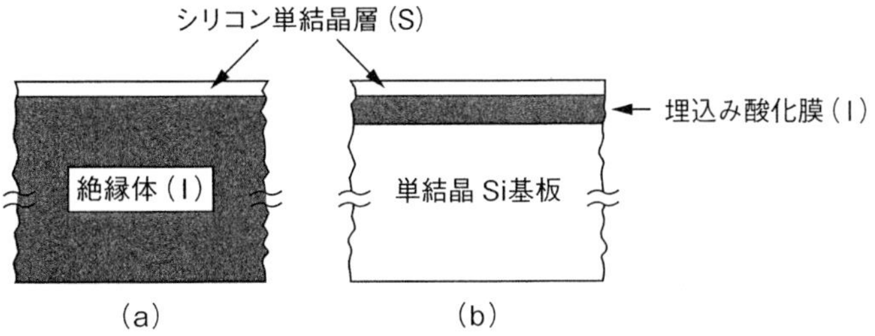


**図 2.14**　SOI の基本構造

**■接合ウエーハ**

2枚の単結晶シリコンウエーハを表面酸化膜を介して直接接合する技術そのものは古く，1961年に提案されているが，SOIへの応用が試みられたのは1985年以降である．現在では，SIMOXとともにSOIの主流になっている．

表面に酸化膜（$SiO_2$）を持つ2枚のシリコンウエーハの直接接合によるSOI形成の概念を図2.15に示す．

結果的に表面のシリコン単結晶（top silicon, 以下T-Siと記す）となるウエーハT（top）と基板シリコン（substrate silicon, 以下S-Siと記す）になるウエーハB（base）を互いの表面酸化膜（結果的に“埋込み酸化膜”buried oxide, b-$SiO_2$になる）を介して高温で接合する．ウエーハTを研磨，化学エッチングにより所望の厚さのT-Siに加工し，図2.14(b)のSOI構造にする．

接合強度，接合界面の化学的性質，結晶学的構造は接合温度およびシリコンウエーハの性質に依存する．

例えば，含有不純物酸素濃度が異なるチョクラルスキー（CZ）およびフロートゾーン（FZ）シリコンウエーハ同士（ウエーハA, B）を1000℃，1200℃で接合した場合の接合界面のHR-TEM像を図2.16に示す．

これらのウエーハ・ペアは室温で自然接着した後，図に示す温度で2時間，窒素中で熱処理されたものである．各ウエーハは接合前に酸化処理されていないので，図に示されるb-$SiO_2$は自然酸化膜である．CZシリコンウエーハ同士の接合の場合，いずれの温度においてもb-$SiO_2$層は安定し，一様な厚さ（～3 nm）に保持されている．しかし，FZシリコン同士の場合は，接合温度1000℃でb-$SiO_2$の一部は消失し，1200℃ではb-$SiO_2$層は完全に消失し，島

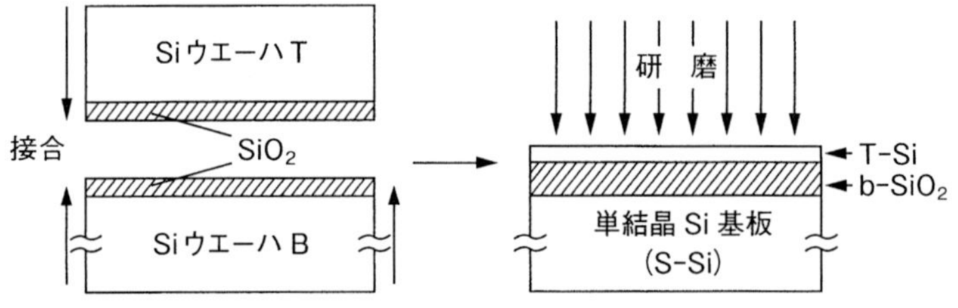


**図 2.15**　接合ウエーハSOI形成の概念図

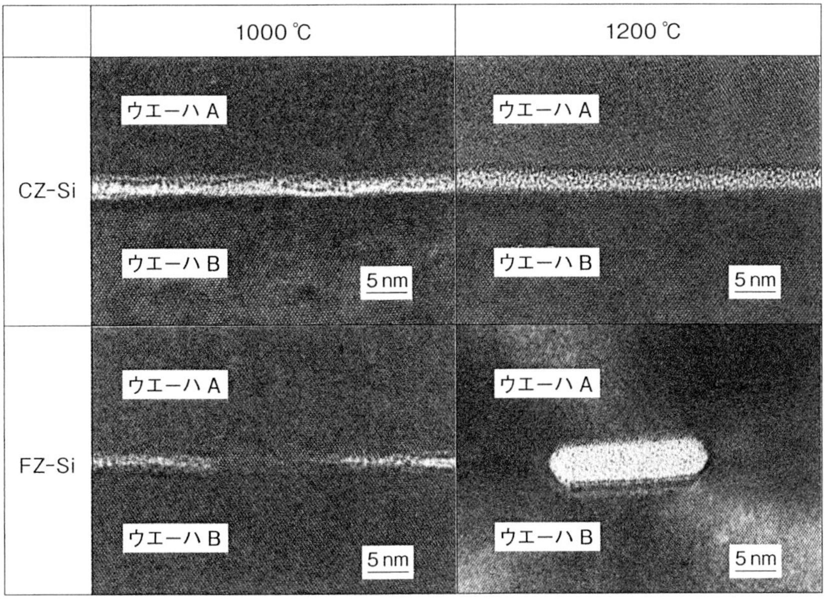


**図 2.16**　CZ-Si および FZ-Si 接合ウエーハ断面の HR-TEM 格子像
（L. Ling and F. Shimura, *J. Electrochem. Soc.*, **140**（1993）252 より）

状 $SiO_2$ に変化している．

このような b-$SiO_2$ の安定性の違いは，接合シリコンウエーハ中に不純物として含まれている酸素濃度の違いに起因するものと考えられている．

## ■ SIMOX

直接接合ウエーハと共に，現在，SOI の主要な形成技術になっているのが SIMOX と呼ばれるものである．

この方法は図 2.17 に示すように，単結晶シリコン基板（ウエーハ）中に高濃度の酸素イオンを注入し，その後の高温熱処理（1100～1300℃）で Si と O を反応させてシリコン基板内部に b-$SiO_2$ 層を形成することを基本概念とするものである．

このようにして形成される b-$SiO_2$ の組成，質は図 2.18 に模式的に示すように，イオン注入量（ドーズ量）に依存する．

酸素イオン注入直後の表面層には $SiO_2$ のほかに結合状態が不安定な Si-O

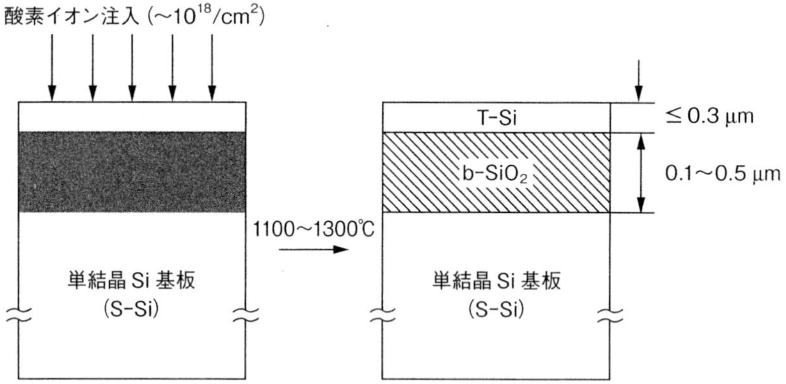


図 2.17　シリコン基板への高濃度酸素イオン注入による埋込み $SiO_2$ 層の形成（SIMOX）概念図

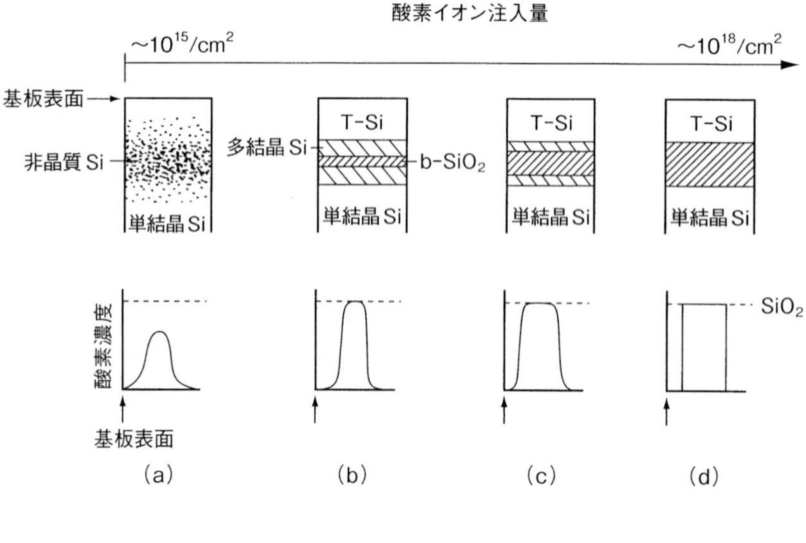


図 2.18　酸素イオン注入によって形成される埋込み層の注入量依存性を示す模式図

化合物が混在している．化学的に安定な $SiO_2$ から成る図 2.18(d) に示すような境界（界面）が急峻な b-$SiO_2$ 層を形成するには，イオン注入後の高温における熱処理が必要である．

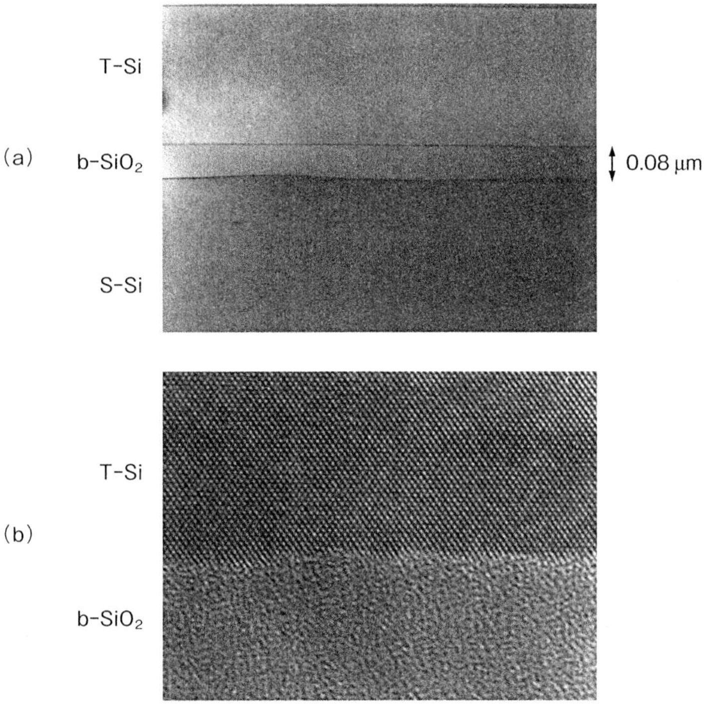


**図 2.19**　高温熱処理後の SIMOX 基板の断面 TEM 像．(b) は (a) T-Si/b-$SiO_2$ 界面近傍の格子像．(大阪府立大学・泉勝俊教授提供)

典型的な SIMOX 基板の断面の TEM 像を図 2.19 に示す．(b) の HR-TEM 格子像によれば，T-Si/b-$SiO_2$ 界面の凹凸は Si 原子 3 個以内である．

■**エピタキシャル・ウエーハ**

**エピタキシャル・ウエーハ**（通称**エピウエーハ**）は半導体エレクトロニクスにおいて不可欠の基板である．

“エピタキシー（epitaxy）”は「ある結晶質基板の上に単位格子が 2 次元的に整合するように結晶薄膜が成長するプロセス」と定義され，“エピタキシャル”は，その形容詞である．

基板上に成長する薄膜が基板と同じ物質の場合（例えば，Si/Si あるいは GaAs/GaAs），それは**ホモエピタキシー**と呼ばれる．一方，薄膜が基板の物質と異なる場合（例えば，Ge/Si, Ge/GaAs あるいは SiC/Si など）は**ヘテロ**

表 2.2　エピウエーハの構造とデバイスへの応用

| エピ層構造 | 応用素子 | 素子構造 | 効　果 |
|---|---|---|---|
| 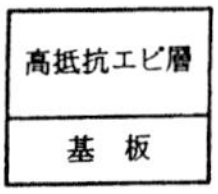 | 高耐圧バイポーラー | 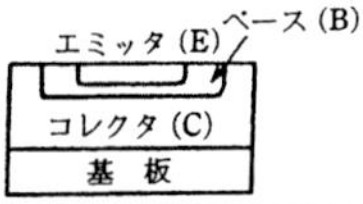 | ●高耐圧化 |
| | パワーMOSFET | 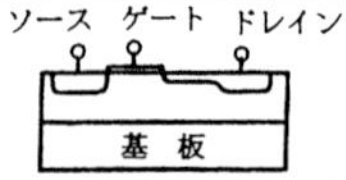 | ●高耐圧化 |
|  | バイポーラーIC | 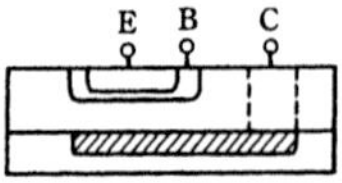 | ●埋込み層の採用 |
| 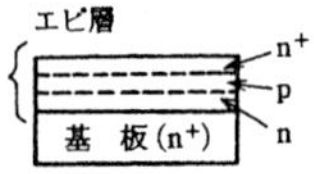 | バイポーラートランジスター | 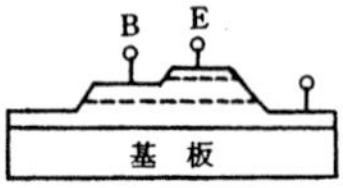 | ●成長接合の形成<br>●キャリア濃度の自由度大 |
| 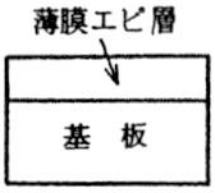 | MOS・IC | 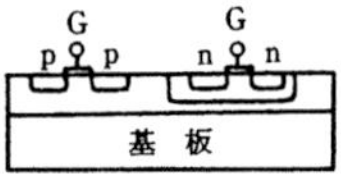 | ●耐ラッチアップ特性向上<br>●耐 $\alpha$ 線強度向上<br>●結晶性改善 |
| | ショットキーダイオード | 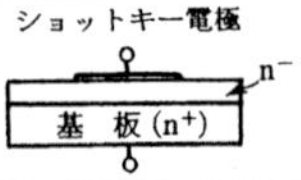 | ●高濃度基板の適用<br>●キャリア濃度の自由度大 |

（阿部孝夫，小切間正彦，谷口研二『シリコン結晶とドーピング』丸善より，一部改変）

**エピタキシー**と呼ばれる．

エピウエーハは，半導体エレクトロニクスの発展に伴ない，その重要性を増している．半導体デバイス製造の観点から，エピウエーハの構造，応用例，そして，その効果を表 2.2 にまとめる．

表 2.2 に示されるエピウエーハの構造を見れば明らかなように，そこには，さまざまな，そして複雑な界面が不可避的に存在する．

**■半導体ヘテロエピウエーハ**

現在，さまざまな半導体のヘテロエピウエーハが実用化されている．

例えば，図 2.20 に示す Ge/GaAs ヘテロ界面の原子構造を考えてみよう．

単純に考えれば，(a) に示す GaAs の Ga 面と Ge 面の界面（Ga/Ge 界面）と，(b) に示す GaAs の As 面と Ge 面の界面（As/Ge 界面）が考えられる．いずれの界面も平坦に描かれている．しかし，Ge はⅣ族，Ga はⅢ族，As はⅤ族

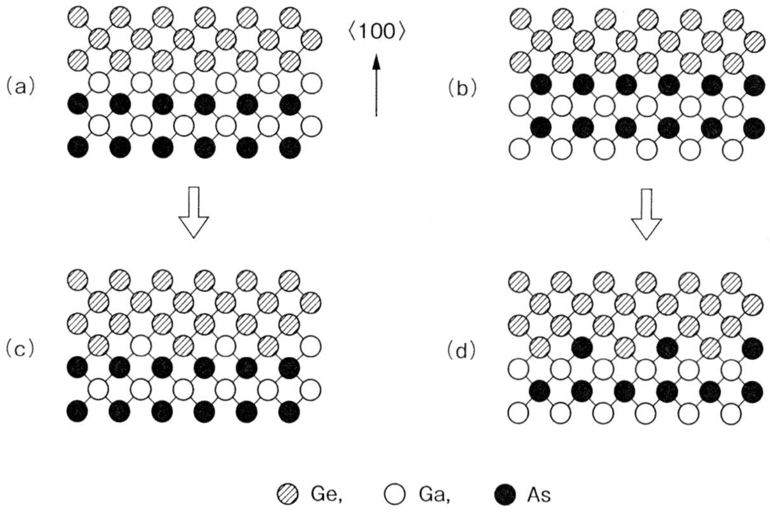


図 2.20　Ge/GaAs{100} 界面の構造．(a) Ge/Ga 界面，(b) Ge/As 界面，(c) Ge/Ga 再構成面，(d) Ge/As 再構成面（小間篤編『表面・界面の電子状態』丸善より，一部改変）

の元素であり，価電子の数はそれぞれ 4, 3, 5 個である．つまり，Ge/Ga・As および Ge/As・Ga を原子価で表わせば Ⅳ/Ⅲ・Ⅴ, Ⅳ/Ⅴ・Ⅲ となっている．

Si/Si や Ge/Ge のような同族半導体の界面の場合は，(a), (b) に示されるような“平坦な”界面で問題ないのであるが，上記のような異族半導体の界面では結合手（価電子）数の過不足のため，(c), (d) に示されるような再構成面を形成する方が安定である．このような界面は，同数のアクセプター・ドナーボンドを含むので，**電荷補償界面**と呼ばれる．

**■格子不整とミスフィット転位**

ヘテロエピタキシーの場合，一般的に基板結晶と基板上にエピ成長する薄膜結晶の格子定数が異なるから界面には**格子不整**が生じる．

例えば，Ge/Si 界面について考える．Ge と Si は同じ 4 価のⅣ族に属する原子であるが両者の**共有結合半径**はそれぞれ 1.22 Å, 1.17 Å で，両者間には約 4% の格子不整が存在する．したがって，Ge/Si 界面には，このような格子不整に起因する**ミスフィット転位**（**格子欠陥**の一種）が生じることが知られている．

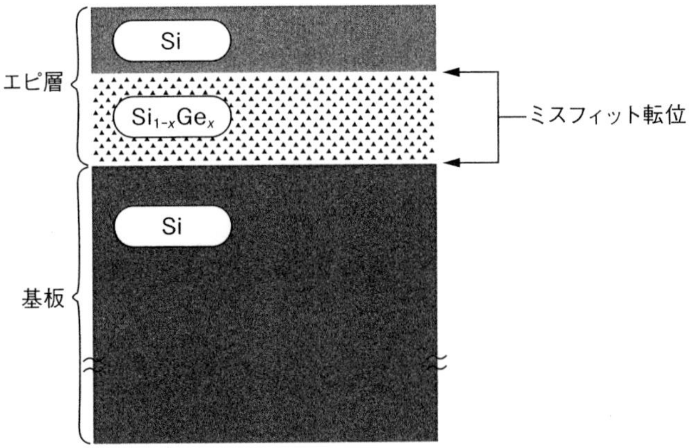


図 2.21　$Si/Si_{1-x}Ge_x/Si$ に導入されるミスフィット転位

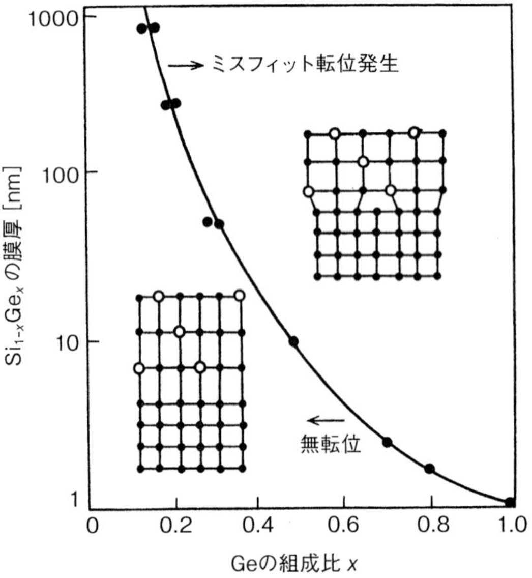


図 2.22　$Si_{1-x}Ge_x/Si$ 構造におけるミスフィット転位の Ge 組成 ($x$) 依存性（550℃）
（白木靖寛，応用物理，**57** (1988) 1620 より）

このようなGe/Si界面に生じるミスフィット転位を不純物捕獲のための**ゲッタリング・シンク**として積極的に利用することが実用化されている．つまり，

図2.21に示すように，Si基板上に，まず$Si_{1-x}Ge_x$薄膜をエピ成長させ，その上にSi薄膜をエピ成長させ，$Si/Si_{1-x}Ge_x/Si$のヘテロ構造を作る．この$Si_{1-x}Ge_x$エピ層上下の界面にミスフィット転位を導入し，それを不純物の捕獲場（ゲッタリング・シンク）として利用するのである．

SiとGeは同じ4価のⅣ族に属する元素で，SiとGeは全域固溶するので，$Si_{1-x}Ge_x$で組成（$x$）を連続的に変えることができる．$Si_{1-x}Ge_x$エピ層の上下の界面に発生するミスフィット転位の密度はGeの組成$x$と$Si_{1-x}Ge_x$エピ層の膜厚を変化させることで再現性よく制御でき，図2.22に示すような実験結果が得られている．

また，図2.21に示す$Si/Si_{1-x}Ge_x/Si$構造は，$Si_{1-x}Ge_x$系で**バンド・ギャップ**を連続的に変化させ，高速デバイスおよびオプトエレクトロニクスデバイスが期待できる**ヘテロ接合**デバイスに応用されている．しかし，この場合には，ミスフィット転位の導入を避けなければならない．一般的に，ヘテロエピ構造において，転位発生有無の支配的因子は図2.22の実験結果からもわかるようにエピ層の厚さ，格子不整率，そしてプロセス温度である．

### チョット休憩● 2

## 日本刀とヘテロエピ構造

日本刀は武器であるから「折れず，曲がらず，よく切れる」という3条件を満たさなければならない．これらの3条件を満たすための工夫が，異なった性質の鉄材の鍛接，鍛錬，焼き入れを巧みに組み合わせた結果の多層構造である．この多層構造は，基本的には「心鉄（しんがね）」を「皮鉄（かわがね）」で包み込む「造り込み」と呼ばれる技法で得られるのであるが，それには単純な2層構造を実現する「甲伏（こうぶせ）」や複雑な多層構造を実現する「四方詰（しほうづめ）」などさまざまな方法がある．流派や刀匠によって独特の「造り込み」が行なわれるわけである．

古今，数多くの刀匠の中で「無比の名匠」「天才正宗」と称せられているのが鎌倉時代後期に活躍した正宗である．実は，この正宗が，日本刀の真髄である「造り込み」を行なわなかったのではないか，という「うわさ」が日本刀関係者の間にあるらしい．つまり，正宗は心鉄，皮鉄の多層構造を使わなかったのではないか，というのである．私は，この「うわさ」を聞いた時，即座に「そんなばかな，それじゃ日本刀の3条件を満たせないではないか」と思った．

しかし，昔，「半導体ヘテロ構造」の研究をしていた頃のことを思い出し，「おっ，やはり正宗は天才だったのだ！」と閃いたのである．

本章でも述べたように，「ヘテロ構造」を作ろうとする場合，いつも問題になるのは，異物質の界面や接合面の「不整」である．この問題を克服するためにさまざまな工夫や技術が駆使されるわけであるが，私たちが目指したのは「あいまいな界面」を作ることだった．もちろん，場合によっては「界面」はシャープであることが求められるのであるが，一般的には「不整」などない方がよいのである．

もし，「造り込み」のような面倒くさいことをしないで，単一の鉄材で「折れず，曲がらず，よく切れる」という３条件を満たす日本刀が得られるのであれば，それに優るものはない．余計な（？）接合面がないだけ，機械的にも強いに違いない．しかし，いずれにせよ，３条件を満たすためには，日本刀の内部は「心鉄」に相当する「軟らかい鉄」，外側は「皮鉄」に相当する「硬い鉄」から成る「多層構造」が作られねばならない．確かに，それ相当の鉄材を用い，高度の鍛錬，焼き入れ技術があれば，結果的に，単一の鉄材でそのような理想的な多層構造を作ることは可能なのである．正宗は，まさに，そのようなことを実現した「無比の天才的刀匠」だったのかも知れない．

正宗の「名刀」を切断して，観察できれば事態ははっきりするのであるが，「正宗」ほどの日本刀を切断するわけにもいくまい．X 線 CT で，日本刀の断面を非破壊的に調べることはできないだろうか．

■演習問題

**2.1** 図 2.3 ～ 2.5 を参照し，ダイヤモンド構造結晶の {100}，{110}，{111} 理想表面の，それぞれの表面原子 1 個当たりのダングリング・ボンドの数を求めよ．

**2.2** バルク結晶の劈開面（へきかい）（切断面）が，そのまま表面にならないのはなぜか．直接的な原因は何か．

**2.3** バルク結晶の劈開面が“表面”になると，その“表面”でどのような現象が起こるか．また，そのような現象が起こるのはなぜか．

**2.4** さまざまなエレクトロニクス素子に見られる半導体ヘテロ接合の具体例を調べよ．

# 3 表面と界面の電子状態

物質のさまざまな性質や動的挙動，また物質間のさまざまな現象，化学反応に直接的な影響を与えるのは物質を形成する原子の構成要素である電子である．また，物質（間）のさまざまな現象は通常，表面あるいは界面で起こるから，結局，物質（間）のさまざまな現象を理解するには，表面と界面における電子状態を理解しなければならないことになる．

しかし，そのような電子状態を完全に把握するには量子論，量子力学の理解が不可欠である．また，表面はバルクに比べて非常に複雑で多様性を示す系であり，その状態を具体的な形で描像することは困難で，さまざまな“理論計算”に頼らなければならない．現在，さまざまな表面電子状態理論が提案され，それらは最近のコンピューターの著しい進歩により具象化されてはいるが，その“意味”を理解するのは必ずしも容易なことではない．

本章では，難解な理論や計算については巻末に掲げる参考図書などに任せ，表面と界面の電子の性質と挙動について感覚的に理解することを目標にしたい．そして，表面と界面の電子状態に“したしむ”第一歩としたい．そのため，抽象的な議論は極力避け，具体的な表面と界面の電子状態を考えてみたい．

## 3.1 表面の電子状態

### ■電子状態の影響

すべての物質は原子が**化学結合**することによって形成される．したがって，物質の構造や性質を支配する根本は，原子と原子との結合の仕方であるが，その“結合の仕方”を決定するのが各原子が持つ電子の状態である．

化学結合の形式としてはさまざまなものが知られているが，次のように大きく 2 種，細かく 4 種に分類するのが好都合であろう．

1 次結合 { 共有結合／金属結合／イオン結合

2 次結合 — ファン・デル・ワールス結合

**1 次結合**は，結合する原子間で電子の移動，あるいは共有を伴ない，比較的強い結合である．それに対して **2 次結合**は，電子の移動や共有は伴なわず，双極子の静電気的な引力によって生じる比較的弱い結合である．ここでいう“2 次”とは，“1 次結合”に比べれば弱い，という意味であり，本質的な意味を持つわけではないが，はっきりと単離できる結合化学種が存在しないことをもって“2 次的（偽）結合”の意味もある．

このように，バルク物質の形成過程，構造は原子の電子状態によって決定されるのであるが，当然のことながら，固体表面で起こるさまざまな化学反応は表面の電子状態の影響を受けることになる．さらに，光，電場，磁場などに対する表面の応答を決定するのも表面の電子状態である．

また，物質の表面と，そこに外界から接近する原子，分子，イオンとの間には，次章で述べる吸着，脱離などさまざまな動的現象が生じるが，ここで大きな影響を及ぼすのも表面の電子状態である．

このように考えると，表面の電子状態の理解は，表面が関わるすべての現象を理解するための基礎である．

### ■表面電子状態の理解

いま述べたように，表面の電子状態を理解することはさまざまな現象を理解する上で極めて重要であるが，固体の表面はバルクと比べて自由度がはるかに大きい系であるため，その電子状態を決定することは，バルクの場合に比べて容易ではない．表面構造は表面の電子状態によって決定される，と述べたのであるが，逆に，表面構造の変化によって，表面の電子状態が著しい影響を受けるのも事実である．超高真空中で作製された「理想的」な表面においてさえ，その扱いは簡単ではないのである．

現在，表面電子状態について直接的な知見を得るさまざまな実験手段（巻末**付録**参照）が開発され，実用化されている．これらの実験手段によって表面電子状態の“具象的理解”が進められるのであるが，これらの実験結果を統一的に説明するためには，「理論」，「計算物理的方法」に依存することが少なくない．この分野の研究は，特に静的現象については，今日，コンピューターのハードウエア，ソフトウエア両面の著しい発達によって，かなり詳細な検討が行なわれるようになっている．しかし，「理想的」な表面ではなく，現実的な表面についての電子論的理解は十分に進められているとはいい難い．

表面電子状態の理論計算は，表3.1に示すようなモデルを用い，表3.2に示すような方法によって行なわれている．これらを理解するには量子力学や複雑な数式に精通することが求められるが，それらは容易に“したしめる”ものではないだろう．初心者には難解と思われる理論や計算物理は巻末に掲げる参考図書3-4などで勉強していただくとして，以下，本章では表面と界面の電子状態について極力具象的に考えてみたい．

**表 3.1**　表面の電子状態の計算に用いられるモデル

| モデル | 内　容 |
|---|---|
| クラスター | 結晶から切り取った，数個～数十個の原子集団 |
| 薄膜 | 厚さが数原子層～数十原子層の結晶．単一の薄膜，および適当な真空域をはさんで周期的に積み重なる薄膜の模型とがある |
| ジェリウム | 一様にならされたイオンの正電荷と，これを中和する密度の自由電子からなる模型．表面では，イオン正電荷は階段関数に仮定される |
| 半無限大結晶 | 無限大の結晶を表面で分割し，片側を真空で置き代えたもの |

（小間篤ら編『表面物性工学ハンドブック』丸善より）

**表 3.2** 表面電子状態の計算法

| 分　類 | 種　類 | 計算法 |
| --- | --- | --- |
| 簡単な模型による方法および半経験的方法 | 強結合近似法 | グリーン関数法，リカージョン法など |
| | 半経験法 | 拡張ヒュッケル法，CNDO 法など |
| | 化学的擬ポテンシャル法 | |
| 密度汎関数理論による方法 | LDA 法および X$\alpha$ 法 | Layer KKR 法，多重散乱「SW」クラスター法<br>Transfer Matrix 法，LCAO 法，DV*法，LMTO*法，LAPW*法，LASW*法など |
| | 擬ポテンシャル法 | 半経験的擬ポテンシャル法，第一原理的ポテンシャル法 |
| | 改良 LDA 法 | SIC*法，準粒子法 |
| 量子化学的な非経験的方法 | SCF 法 | ハートリー・フォック法 |
| | CI「配置間相互作用」法 | GVB*法，MCSCF*法 |

* DV；Discrete Variational, LMTO；Linear Muffin-tin Orbital, LAPW；Linear Augmented Plane Wave, GVB；Generalized Valence Bond, MCSCF；Multi-configuration Self-Consistent Field, LASW；Linear Augmented Spherical Wave, SIC；Self-interaction Correction

（小間篤ら編『表面物性工学ハンドブック』丸善より）

## ■電子のエネルギー

表面の電子状態を考える前に，原子内の電子のエネルギー，**エネルギー準位**について簡単に復習しておこう．

すべての原子は正の電荷を持つ原子核と負の電荷を持つ電子から成る．換言すれば，原子内の電子は原子核に束縛されていることになる．つまり，“電子のエネルギー”というのは，この“束縛エネルギー”と考えることができる．

まず，最も簡単な構造の原子番号 1 の水素原子中の電子について考えてみよう．

ボーアの水素原子モデルによれば，水素原子の電子のエネルギー（“束縛エネルギー”）$E$ は

$$E = -\frac{mq^4}{8\varepsilon_0^2 n^2 h^2} \tag{3.1}$$

で与えられる．ここで，$m$ は電子の質量，$q$ は電荷，$\varepsilon_0$ は真空の誘電率，$n$ は主量子数（整数），$h$ はプランク定数である．なお，式（3.1）の導出過程については，巻末に掲げる参考図書 2-3 などを参照していただきたい．

ここで述べているのは前述のように原子核に束縛されている電子のことで，

原子核に束縛されていない**自由電子**は $n=\infty$ の場合に相当し，$E=0$ になる．式（3.1）で $E$ の値が負になっているのは，原子内の電子のエネルギーが自由電子のエネルギーよりも低いことを意味する．$n$ が大きくなるに従って，つまり原子核から離れるに従って $E$ も大きくなり，0 に近づく．$n=1$ の場合，エネルギー準位は最低となり，その状態を**基底状態**という．また，$n \geq 2$ の状態を**励起状態**という．自由電子は“極度の励起状態にある電子”といえる．

式（3.1）に定数を代入して求められる水素原子の電子のエネルギー準位を図 3.1 に示す．基底状態（$n=1$）のエネルギー準位は $-13.6$ eV と計算されるが，これは 1 個の電子を原子（直接的には陽子）から引き離すのに要するエネルギー（**電離エネルギー**）を意味する．

実は，式（3.1）で表わされる電子のエネルギー $E$ は，電子が持つ運動エネルギー（$E_k$）と位置エネルギー（$E_p$）の和（$E=E_k+E_p$）である．原子核からの距離とこの位置エネルギーとの関係は，模式的に図 3.2 で示されるような双曲線で表わすことができる．原子核からの距離，つまり電子軌道の半径が小さくなるほどエネルギーが低くなり，電子は安定して存在できる（それだけ原子核の束縛が強い）ことが理解できるだろう．

原子番号（原子核の中の陽子の数）が大きくなるほど原子の構造は複雑になり，電子のエネルギー準位の数も多くなる．

代表的な金属元素の一つであるナトリウム（Na）原子内の電子のエネルギー

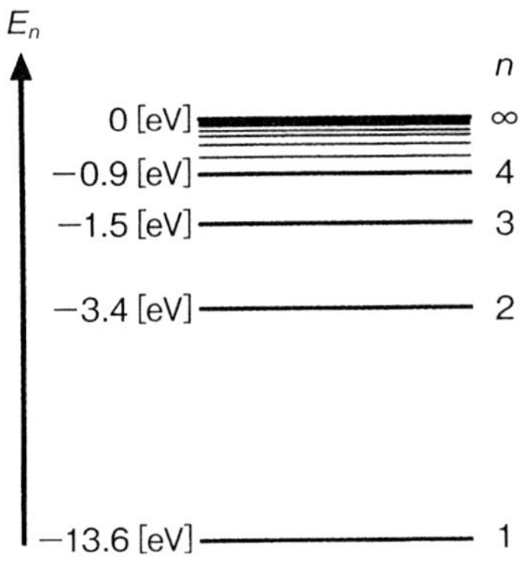


**図 3.1** 水素原子の電子のエネルギー準位

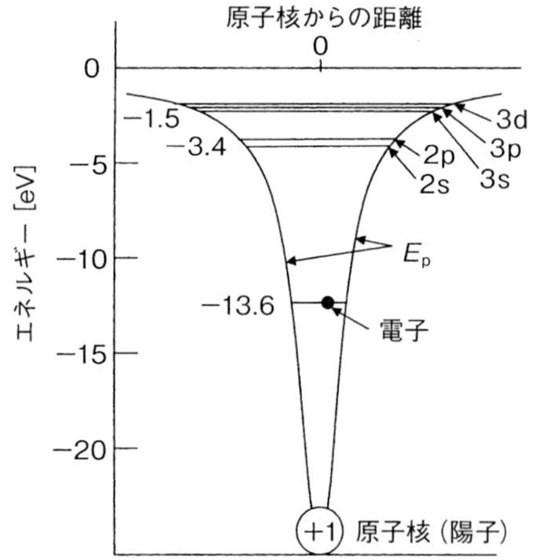


図 3.2　水素原子の電子軌道とエネルギー準位

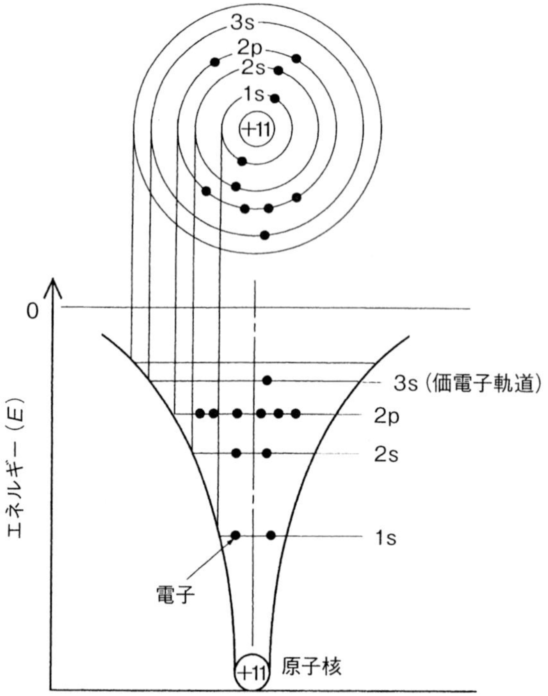


図 3.3　ナトリウム（Na）原子の電子軌道とエネルギー準位

準位について，図 3.2 で述べた概念を適用して考えてみよう．

原子番号 11 の Na 原子は（$1s^2 2s^2 2p^6 3s^1$）の電子配置を持つ．それぞれの電子軌道に対応させたエネルギー準位を模式的に図 3.3 に示す．

Na 原子は全部で 11 個の電子を持っているが，位置エネルギーの双曲線で示される“井戸”の底（$n=1$）から高い方へ各軌道の“定員”を満たしつつ順に詰まっていく．最外殻の電子軌道（3s 軌道）には 2 個の電子が入り得るが，Na では 1 個しか入っていない．これが**価電子**であって，Na 原子の諸特性に重要な影響を及ぼす．

## ■結晶内の電子のエネルギー準位

1 個の原子内の電子は図 3.1 ～ 3.3 で示されるような，それぞれ単独の量子化されたエネルギー準位を持つが，$N$ 個の原子から成る分子の個々のエネルギー準位は $N$ 個に分裂する．

無数（$N \approx \infty$）の原子から成る固体（結晶）内の電子のエネルギー準位について考えてみよう．

個々の原子が互いに接近し，その外殻電子軌道（**電子雲**）が重なり合うようになると，電子は自分が属する原子のみならず，必然的に他の原子からの影響も受けるようになる．

個々の電子のエネルギー準位は量子化されており，それは模式的に図 3.1 のように“1 本の線”で表わすことが可能であるが，無数の原子で構成されている固体の場合，準位の分裂は無数になるので分裂した各準位は極めて接近する．そのため，図 3.1 のように，それぞれのエネルギー値を識別できる“1 本の線”で表わすのは困難である．したがって，このような場合のエネルギー準位は個々のエネルギー値（1 本の線）ではなくて，図 3.4 (a) のような幅を持った“**エネルギー帯**（**バンド**）”で表わさざるを得ない．

固体を結晶と考えた時，原子間の平均距離を $a$ とし，その位置における $n=1, 2, \ldots$ のエネルギー帯を模式的に図 3.4 (b) に示す．電子が存在することが“許容”されるという意味で，実質的に連続的なエネルギー準位を含むエネルギー帯を**許容帯**と呼ぶ．なお，(b) ではエネルギー帯をわかりやすくするために $a$ の“幅”を拡大して描いているのであって，(b) における横軸の“幅”には深い意味がない．

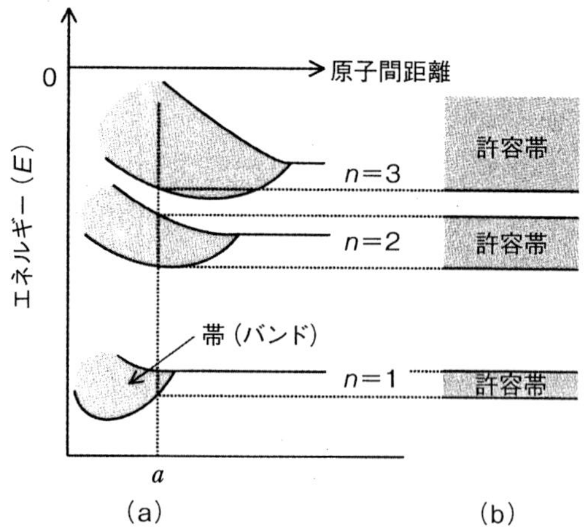


**図 3.4**　固体のエネルギー帯

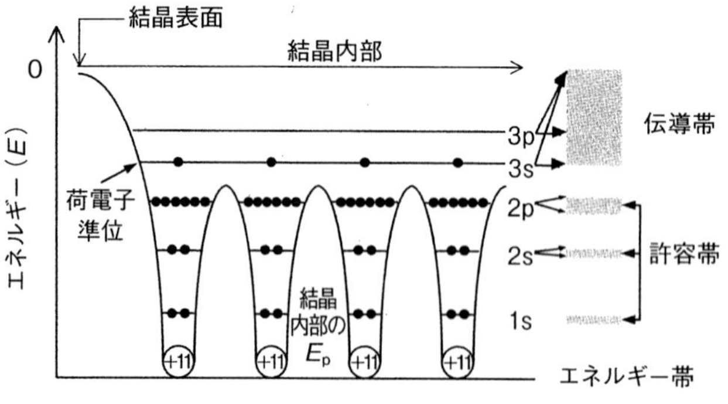


**図 3.5**　Na 結晶内の電子エネルギー準位，帯構造

さて，図 3.3 で表わされる Na 原子が無数に結合した Na 結晶内の電子のエネルギー準位とエネルギー帯構造を模式的に描けば図 3.5 のようになる（図には 4 個の原子しか描かれていないが，実際には，図の右方向に無数の原子が続くのである）.

図 3.5 に示す結晶内部の $E_p$ 曲線に見られる周期性は結晶内の原子配列の周期性に対応するものである．互いに隣接した原子間の電子の $E_p$ は，結晶表面のように $E_p$ ～ 0 まで上がらずに，各原子の 3s エネルギー準位の下位に“山”（$E_p$

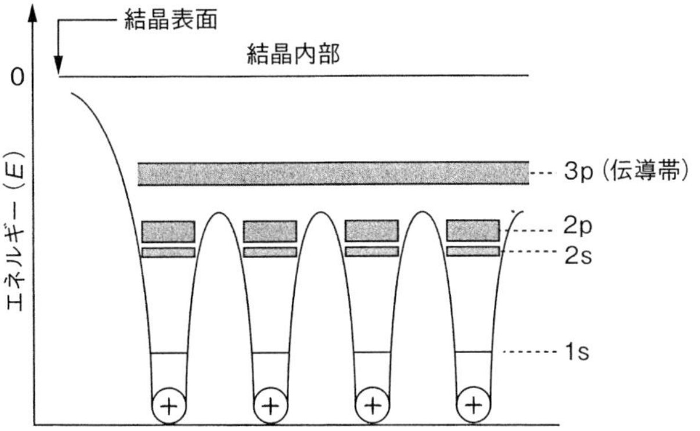


**図 3.6** 簡略化した Na 結晶内の電子のエネルギー準位，帯構造

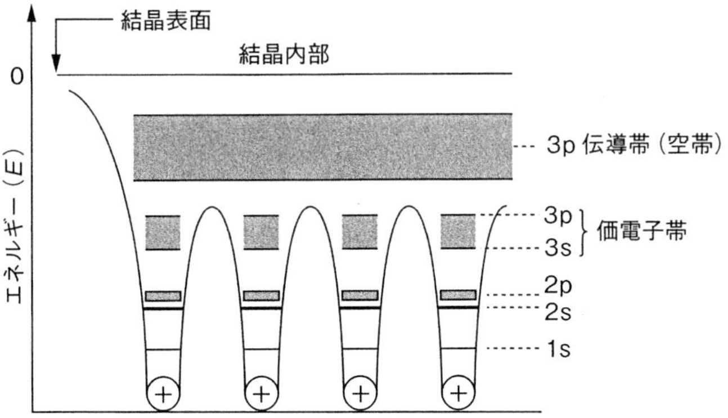


**図 3.7** 簡略化した Si 結晶内の電子のエネルギー準位，帯構造

曲線の極大）を作る．このような違いが，バルクと表面の性質の違いを表わしていることを感覚的に理解していただきたい．

また，孤立した原子の場合，個々の原子核に束縛されていた Na の 3s 価電子のエネルギー準位（図 3.3 参照）が，結合の結果，図 3.5 に示されるように，$E_p$ 曲線の“山”より上位になるので，元の原子を離れ結晶内を自由に動くことができる．実は，このような電子が**自由電子**であり，このような自由電子が存在するエネルギー帯を特別に**伝導帯**と呼ぶ．個々の電子の“被束縛度”と“自由度”を図 3.5 によって感覚的に理解していただきたい．

図 3.5 を簡略化して描くと図 3.6 のようになるが，同様に，半導体の代表・Si

結晶内の電子エネルギー準位とエネルギー帯構造を描くと図 3.7 のようになる．

### ■エネルギー帯構造

話がやや前後するが，次節の理解の準備として，ここで，電子のエネルギー帯構造についてまとめておこう．エネルギー帯構造，バンド図を熟知している読者は，本項を飛ばしていただいても構わないが，簡単に復習することも有意義であろう．

もう一度，図 3.4 を見ていただきたい．

量子論が明らかにしたように，許容帯と許容帯の間には電子のエネルギー準位が存在しない．つまり，その“帯（バンド）”には，電子の存在が許されない（電子が存在できない）のである．そこで，そのようなエネルギー帯を**禁制帯**（あるいは**禁止帯**）と呼ぶ．

図 3.6, 3.7 に示されるように，許容帯，禁制帯を含め，エネルギー帯はたくさんあるが，内部の電子準位に比べ最外殻の価電子準位は原子間の相互作用への影響が大きいので，一般的に，図 3.8 のように，結晶の電子特性を左右する伝導帯，禁制帯，価電子帯のエネルギー帯が描かれる．これが一般的に**エネルギー帯図**あるいは**バンド図**と呼ばれるものである．

価電子帯には常に電子が存在するが，伝導帯に電子が存在するかどうかは，後述するように，物質やその存在条件に依存する．電子が存在しない伝導帯は便宜的に**空帯**と呼ばれる．空帯はたまたま電子が存在しないだけであって，電子が存在できない禁制帯とは本質的に異なることに注意していただきたい．

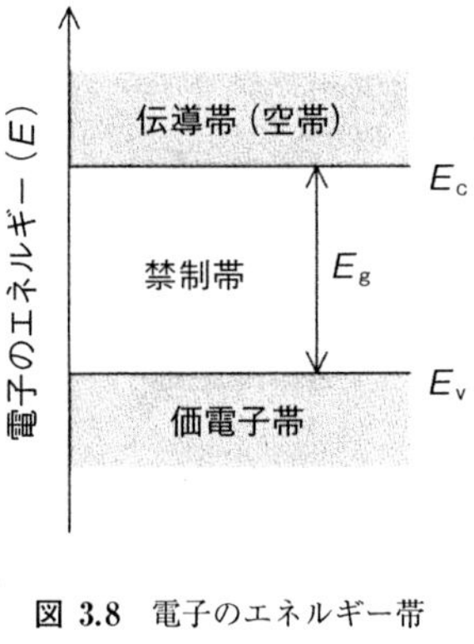


**図 3.8**　電子のエネルギー帯

“定員”一杯の電子で満たされ，“空席”のない価電子帯は特に**充満帯**と呼ばれる．励起状態の電子を持たない共有結合の絶縁体や半導体の価電子帯は充満帯である．

価電子帯の最高のエネルギーを**価電子帯上端エネルギー**と呼び $E_v$ で，伝導帯の最低のエネルギーを**伝導帯下端エネルギー**と呼び $E_c$ で表わす．下ツキ文字の v と c は，それぞれ “valence band（価電子帯）”，“conduction band（伝導帯）” の頭文字である．

伝導帯と価電子帯の間に存在する禁制帯の幅を**エネルギー・ギャップ**あるいは**バンド・ギャップ**と呼び $E_g$ で表わす．図 3.8 から明らかなように，$E_g = E_c - E_v$ である．この $E_g$ は，物質，特に半導体のさまざまな電気・電子特性に極めて大きな影響を与えるものである．

■**フェルミ分布とフェルミ準位**

ついでに，固体（結晶）内の無数の電子の“存在分布”について簡単にまとめておこう．

いま述べたように，量子化されたエネルギーを持つ電子は許容帯にしか存在できない．その許容帯は図 3.4 で説明したように，量子化された無数のエネルギー準位“群”から成る“一定の幅”を持っている．そのような“幅”の中で，ある一定のエネルギー準位 $E$ に存在する電子の数の分布は温度 $T$ に依存し，

$$f(E) = \frac{1}{1 + \exp\{(E - E_F)/kT\}} \tag{3.2}$$

という分布関数で与えられる．ここで，$E_F$ は**フェルミ準位**（後述），$k$ は**ボルツマン定数**，$T$ は絶対温度である．換言すれば，1 個の電子が，ある特定のエネルギー準位 $E$ を持つ確率 $f(E)$ を示すのが式（3.2）である．このような分布関数を**フェルミ・ディラック分布関数**あるいは簡単に**フェルミ分布**と呼ぶ．

フェルミ分布を図 3.9 で視覚的に考えてみる．

(a) に示すのは，ある温度 $T$ において，ある許容帯を構成するエネルギー準位（図 3.5 参照）を占める電子（●）の様子を模式的に描いたものである．低い方のエネルギー準位はほぼ完全に電子に占められている（“ほぼ完全”領域）が，準位が高くなるにつれて占められる割合が小さくなる．そして，許容帯の上端の近くになるとほとんど“空”の状態（“ほぼ空”領域）である．(b) はフェルミ

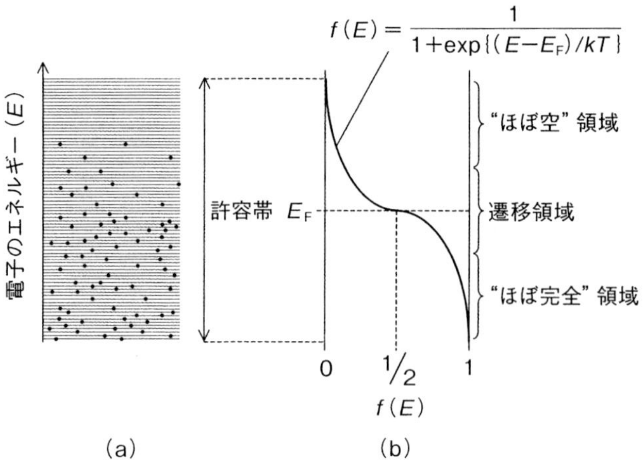


図 3.9　フェルミ分布

分布を (a) に対応させて描いたものである．図の下端に電子の存在確率 $f(E)$ の値が示されている．

ここで，試みに，$E=E_F$ を式 (3.2) に代入してみると，

$$f(E_F)=\frac{1}{1+\exp(0/kT)}=\frac{1}{2} \tag{3.3}$$

が得られる．

つまり，フェルミ準位 $E_F$ は「ある条件下で，許容帯の電子の存在確率が 1/2 になる準位」のことである．$E_F$ が許容帯のエネルギー帯の中央に位置していることにも留意していただきたい．

**■仕事関数**

固体結晶内の電子のエネルギー準位とエネルギー帯構造を模式的に表わしたのが図 3.6 (Na) と図 3.7 (Si) であった．$E_p$ 曲線の "山" より上に位置する伝導帯内の自由電子は結晶内を自由に動くことができるが，結晶の外に飛び出ることはできない．それは，表面に形成される**表面ポテンシャル**と呼ばれるエネルギー障壁（図 3.6, 3.7 の $E_p$ 曲線の左端に注目していただきたい）のためである．

固体の中から電子を 1 個取り出して結晶外（真空中）へ持っていくために必

要な最低のエネルギーを**仕事関数**と呼ぶ．仕事関数は一般に $\phi$ という記号で表わされるが，この $\phi$ は，固体表面で電子が正イオン（原子）の束縛から解放されるために必要な電圧（電位差）に電気素量を乗じた積であり，単位は［eV］となる．

> 本シリーズ『したしむ電子物性』では，$\phi$ を上記の電圧とし，仕事関数を $q\phi$ の記号で表わしたが，本書では，他の多くの教科書の表記に合わせて仕事関数を $\phi$ で表わすことにした．

仕事関数は，1 個の電子を結晶外（真空中）に取り出すのに必要なエネルギーであるから，その値が，真空のエネルギー準位（**真空準位**）と表面電子のエネルギー準位との“差”で与えられることは容易に理解できるであろう．

問題は，その“表面電子のエネルギー準位”である．金属の場合，許容帯に属する無数の電子は，それぞれ個々の量子化された無数のエネルギー準位を持っている．

ここで勇躍登場するのが，前項で述べたフェルミ準位 $E_F$（図 3.9）である．統計的に，フェルミ準位に，許容帯に無数の電子のエネルギー準位を代表させるのが好都合である．

そこで，金属表面近傍のエネルギー準位を模式的に描くと，図 3.10 のよう

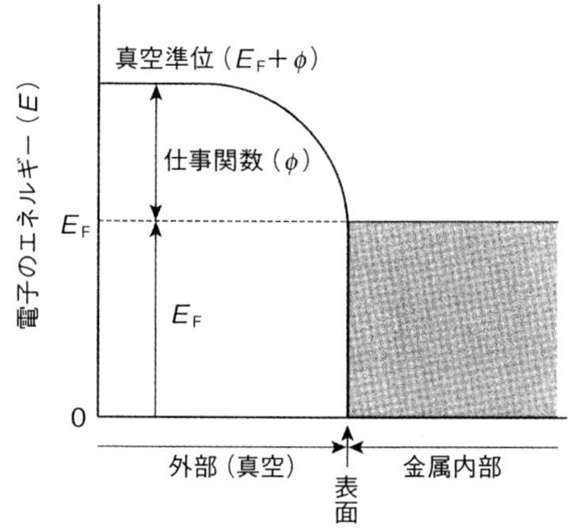


**図 3.10**　金属表面近傍のエネルギー準位

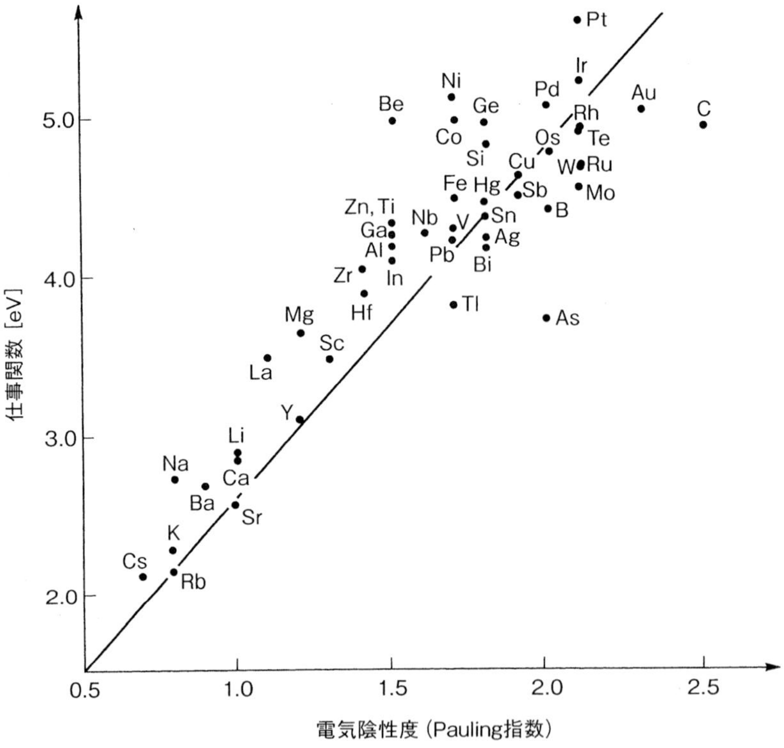


**図 3.11**　仕事関数と電気陰性度の関係（小間篤ら『表面科学入門』丸善より，一部改変）

になる．

結局，金属表面の電子に仕事関数 $\phi$ 以上のエネルギー $E$（$>\phi$）を何らかの形で与えれば，表面から自由電子が放出されることになる．このような現象を**電子放出**あるいは**電子放射**と呼ぶが，後述する**光電効果**はその一例である．

ところで，いま述べたのは金属の場合の話であり，半導体の場合は，フェルミ準位 $E_F$ が禁制帯（バンド・ギャップ）の中に存在するので事情がやや複雑であるが，仕事関数の考え方としては，金属の場合と同じように考えて問題ない．半導体のフェルミ準位については，巻末の参考図書 2-3 などを参照していただきたいが，次節で簡単に触れる．

さて，結合している原子が電子を引きつける能力を**電気陰性度**というが，仕事関数は物質（元素）の電気陰性度と密接に関係している．したがって，仕事関数は表面の化学的安定性や電子放出のされやすさなどを特徴づける重要なパラメーターである．図 3.11 は，種々の単体の金属および半導体について，仕事関数とポーリングが定めた電気陰性度（ポーリング，小泉正夫訳『化学結合論』共立出版）との関係を示すものである．両者の間の強い直線的相関が明らかであろう．

仕事関数 $\phi$ が，固体内の電子を真空中に取り出すのに必要な最小のエネルギーだとすれば，単結晶固体の場合，$\phi$ の値が表面の結晶面に依存するのは容易に理解できるだろう．図 2.5 に示したように，単結晶表面の原子密度は結晶面によって異なるからである．金属単結晶の仕事関数 $\phi$ の結晶面依存性を表 3.3 に示す．

表 3.3 を眺めてみると，いくつかの例外があるものの，一般的に，fcc（面心立方格子）結晶の場合，$\phi$ は $\{110\}<\{100\}<\{111\}$ の順になっており，bcc（体心立方格子）の場合は，その逆になっていることに気づくだろう．これは，基本的には，それぞれの結晶形における表面原子密度の順に対応していることで説明される．

**表 3.3** 金属単結晶の仕事関数 $\phi$

| 金属 | 結晶形 | $\phi$ [eV] | | |
|---|---|---|---|---|
| | | {110} | {100} | {111} |
| Na | bcc | 2.45 | 2.3 | 2.26 |
| Al | fcc | 4.06 | 4.41 | 4.24 |
| K | bcc | 2.55 | 2.40 | 2.15 |
| Fe | bcc | | 4.68 | 4.81 |
| Ni | fcc | 5.04 | 5.22 | 5.35 |
| Cu | fcc | 4.48 | 4.59 | 4.98 |
| Nb | bcc | 4.87 | 4.02 | 4.36 |
| Mo | bcc | 4.95 | 4.53 | 4.55 |
| Ag | fcc | 4.52 | 4.64 | 4.74 |
| Cs | bcc | 2.18 | 1.78 | 1.90 |
| Ta | bcc | 4.80 | 4.15 | 4.00 |
| W | bcc | 5.25 | 4.63 | 4.47 |
| Ir | fcc | 5.42 | 5.67 | 5.76 |
| Au | fcc | 5.37 | 5.47 | 5.31 |

（村田好正『表面物理学』朝倉書店より，一部改変）

## ■光電効果

金属表面に，ある種の光を照射すると，表面近傍の自由電子が光のエネルギーを得て表面から外部に飛び出してくる．この現象を**光電効果**，光の照射によって飛び出す電子を**光電子**と呼ぶ．これは，前述の電子放射の典型例で，光電効果は，今日，光センサー，光電管，映画フィルムの録音帯など広い分野に応用されている現象である．

この光電効果のメカニズムを図 3.12 で考えよう．図の縦軸は電子のエネルギーを表わす．横軸に深い意味はない．

図 3.12 の内容は図 3.10 とまったく同じであるが，ここでは“桶”に入った“水（電子）”を思い浮かべるとわかりやすいだろう．フェルミ準位 $E_F$ は，桶に入っている水の上面に相当する．この上面から桶の縁までの高さが仕事関数 $\phi$ である．

前述のように，金属内の電子が光電子となって桶から飛び出るためには，仕事関数 $\phi$ 以上のエネルギーが金属中の電子に与えられることが必要である．振動数 $\upsilon$ の光，つまり $h\upsilon$ のエネルギーを持つ**光量子**が金属表面に照射され，質量 $m$ の電子（光電子）が表面から飛び出す速さを $v$ とすると，その電子が持つ運動エネルギー $E_k$ を介して

$$\frac{1}{2}mv^2 = E_k = h\upsilon - \phi \tag{3.4}$$

という等式が得られる．

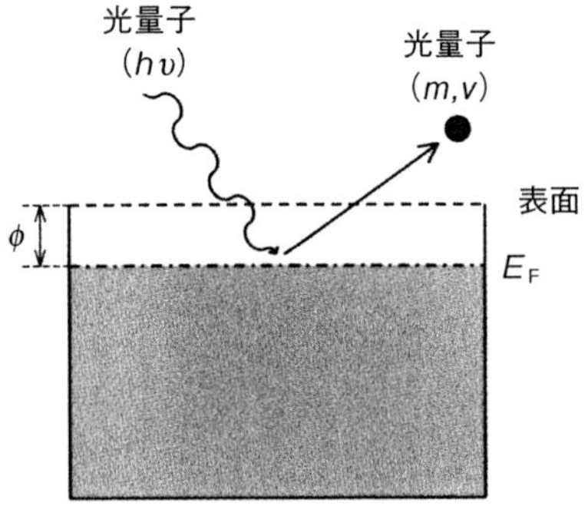


**図 3.12**　金属中の電子エネルギー帯図と光電効果の説明

## 3.2　界面の電子状態

### ■金属・半導体の接触界面

エレクトロニクス素子の中には，金属と半導体が“接触”する部位が多々存在する．この場合の“接触”というのは，半導体同士の pn 接合と同様に，あくまでも“原子的接触”のことで，その接触面は構造的，電子的界面となる．

金属のフェルミ準位の説明の箇所で簡単に触れたが，半導体の場合，フェルミ準位はバンド・ギャップ（禁制帯）にあるので，事実上，フェルミ準位の位置に電子が存在することはない．そこで，金属の仕事関数 $\phi$ に相当するのは，真空準位と伝導帯の底のエネルギー $E_c$（図 3.8 参照）の差になり，このエネルギー差を**電子親和力**と呼び $\chi$ で表わされる．これは，原子に電子 1 個をつけ加えた時に得られるエネルギーに相当する．

金属と半導体の接触は，まず，半導体が n 型の場合と p 型の場合の 2 種類がある．また，金属の仕事関数 $\phi_m$ と半導体の電子親和力 $\chi_s$ の大小関係の 2 種類がある．したがって，金属/半導体界面の電子状態は，4 種類の場合について考えなければならない．

### ■金属・n 型半導体の接触界面

多数キャリアが電子である半導体が **n 型半導体**である．これに対し，多数キャリアが正孔（ホール）である半導体が **p 型半導体**である．

金属と n 型半導体の $\phi_m > \chi_s$ の場合の接触前後のエネルギー帯図が図 3.13 に示されている．図中，$E_{F(m)}$, $E_{F(n)}$ はそれぞれ金属と n 型半導体のフェルミ準位，$\phi_s$ は半導体の仕事関数である．

$\phi_m > \chi_s$ は，$E_{F(n)} > E_{F(m)}$ を意味し，$E_{F(n)}$ は $E_{F(m)}$ に比べ（$\phi_m - \chi_s$）だけ上にある．つまり，半導体中の自由電子の方が金属中の自由電子よりも高いエネルギーを持っているのである．したがって，これらを原子的に接触させたとすれば，n 型半導体中の自由電子は，最初急速に金属側に移動する．その結果，金属表面には過剰な負電荷が，半導体表面には残された固定電荷（陽イオン）のために，逆に過剰な正電荷が生じ，$E_{F(m)}$ と $E_{F(n)}$ は同じ高さになる．つまり，$E_{F(m)} = E_{F(n)} = E_F$ である．

このような接触前後の様子を模式的に描いたのが図 3.14 である．図 3.14(b)

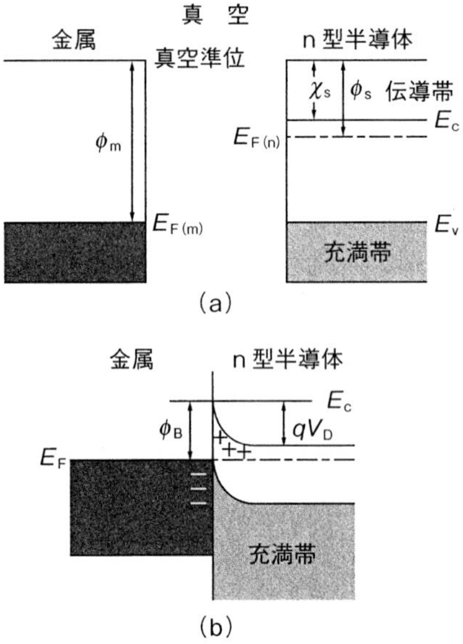


**図 3.13**　金属と n 型半導体のエネルギー帯図（$\phi_m > \chi_s$ の場合）．(a) 接触前，(b) 接触後

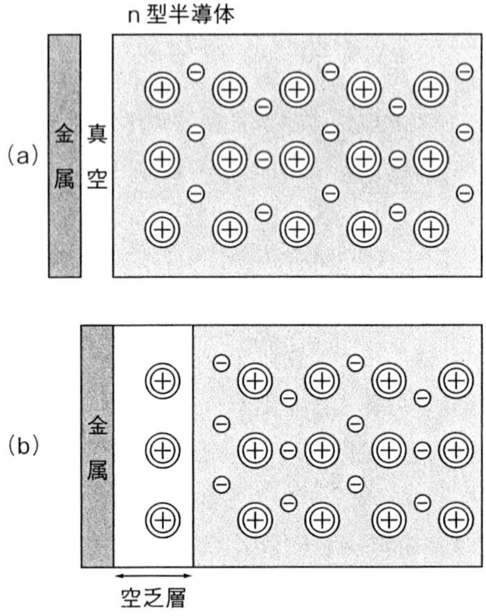


**図 3.14**　金属と n 型半導体との接触．(a) 接触前，(b) 接触後

に対応するエネルギー帯図が図 3.13 (b) である．n 型半導体表面の**空乏層**に形成された電位差を $V_D$ とすれば

$$qV_D = \phi_m - \phi_s \tag{3.5}$$

となる．$q$（$e$ と書くこともある）は電気素量である．

また，金属側から見ると，n 型半導体表面の伝導帯の底のエネルギー $E_c$ はフェルミ準位 $E_F$ から $\phi_B$ の高さにあり，この差 $\phi_B$ を**障壁の高さ**と呼ぶ．なお，下ツキ文字の "B" は "barrier (障壁)" の頭文字である．このような障壁を**ショットキー障壁**，このような障壁を生む金属と半導体の接触を**ショットキー接触**と呼ぶ．ショットキー接触には**整流作用**があり，これを利用したダイオードがショットキー・ダイオードである．なお，ショットキー障壁 $\phi_B$ は

$$\phi_B = \phi_m - \phi_s \tag{3.6}$$

で与えられる．

金属と n 型半導体の接触において，$\phi_m < \chi_s$ の場合のエネルギー帯図を図 3.15 に示す．

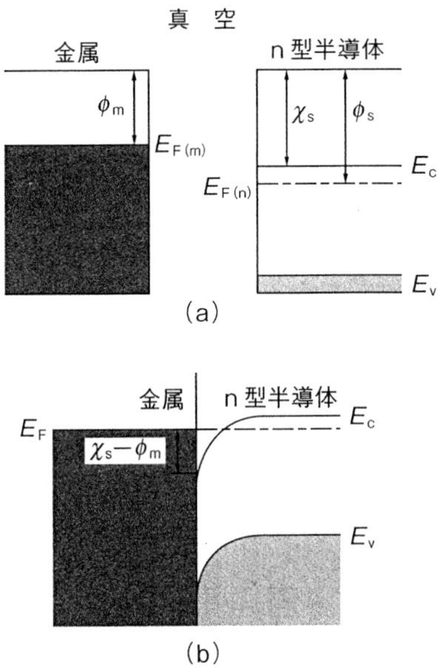


**図 3.15**　金属と n 型半導体のエネルギー帯図（$\phi_m > \chi_s$ の場合）．(a) 接触前，(b) 接触後

$\phi_m > \chi_s$ の場合（図 3.13）とは逆に，接触前の金属のフェルミ準位 $E_{F(m)}$ は，n 型半導体のフェルミ準位 $E_{F(n)}$ に比べ，$\phi_s - \phi_m$ だけ上にある．このような金属と半導体が接触すると，自由電子は金属から半導体側へと流れ込む．つまり，電荷の再分布が起こって，$E_{F(m)}$ と $E_{F(n)}$ とが一致する（$E_{F(m)} = E_{F(n)} = E_F$）が，$\phi_m > \chi_s$ の場合とは異なり，半導体表面に空乏層が形成されることはない．整流作用の基本は空乏層の形成であるから，このような場合には整流特性は現われない．金属と半導体の整流性を示さない接触を**オーム接触**と呼ぶ．

## ■金属・p 型半導体の接触界面

金属と p 型半導体の接触の場合も，n 型半導体の場合と同様に，金属のフェルミ準位 $E_{F(m)}$ と p 型半導体のフェルミ準位 $E_{F(p)}$ とが一致するようにキャリアが移動するが，n 型半導体の多数キャリアである自由電子の代わりに，p 型半導体の多数キャリアである正孔に着目する必要がある．つまり，$E_{F(p)}$ はバンド・ギャップの下に存在するのでバンド・ギャップ $E_g$（$= E_c - E_v$）の大き

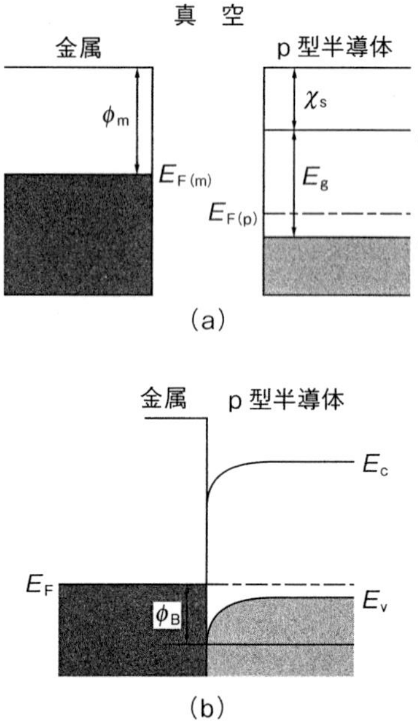


図 3.16　金属と p 型半導体のエネルギー帯図（$\phi_m > \chi_s + E_g$ の場合）．
(a) 接触前，(b) 接触後

さ（幅）の影響が強くなるのである.

自由電子を多量に持つ“超 n 型”ともいえる金属と正孔を多量に持つ p 型半導体の接触の場合，それが整流特性を示すショットキー接触となるか，整流特性を示さないオーム接触となるかは，$\phi_m$ と $\chi_s+E_g$ の大きさで決まる．つまり，$\phi_m<\chi_s+E_g$ ならばショットキー接触に，$\phi_m>\chi_s+E_g$ ならばオーム接触になる.

図 3.16 (a) に，$\phi_m<\chi_s+E_g$ の場合の金属と p 型半導体のエネルギー帯図を示す．この両者が接触すると，図 3.16 (b) に示すように，接触界面に

$$\phi_B=\chi_s+E_g-\phi_m \tag{3.7}$$

で与えられる正孔に対する障壁が現われる．この電位障壁 $\phi_B$ が整流性を生じさせる源である.

一方，$\phi_m>\chi_s+E_g$ の場合の金属と p 型半導体の接触前後のエネルギー帯図を図 3.17 に示す．この場合，図 3.15 に示した $\phi_m<\chi_s$ の金属と n 型半導体の

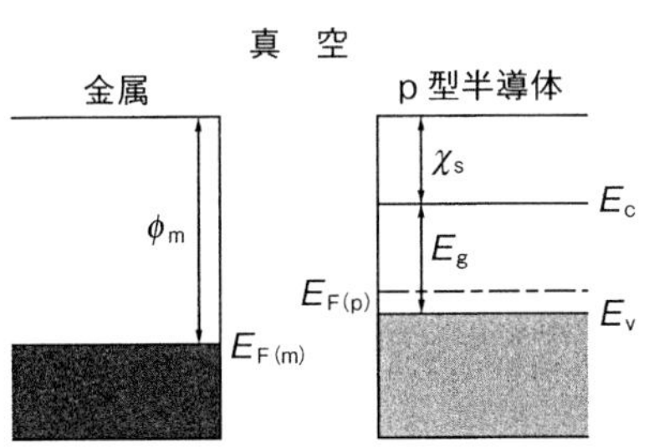


(a)

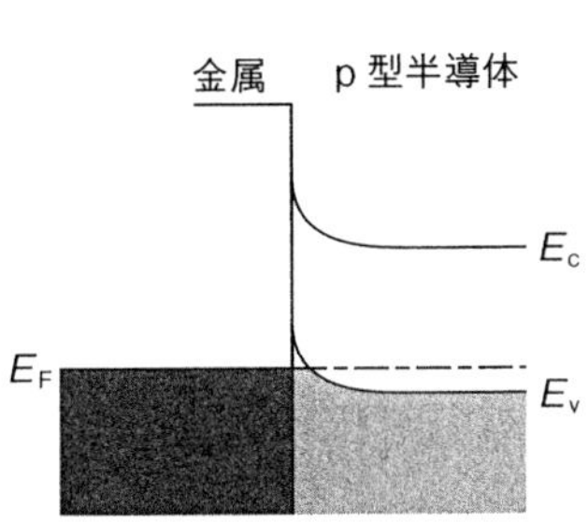


(b)

**図 3.17**　金属と p 型半導体のエネルギー帯図（$\phi_m>\chi_s+E_g$ の場合）.
(a) 接触前，(b) 接触後

接触の場合と同様に整流性を示さない.

### ■ pn 接合界面

機能性半導体素子の最も基本的な構造は**pn 接合**である. この pn 接合の様子を模式的に図 3.18 に示す. 半導体素子においては, 少数キャリアが決定的に重要な役割を果たすのであるが, この図では少数キャリアは省略されている.

(b) に示すように, p 型半導体と n 型半導体が接合すると, p 型半導体の多数キャリアである正孔は n 型半導体へ, n 型半導体の多数キャリアである自由電子は p 型半導体へ拡散現象によって移動する. そして, (c) に示すように, 多数キャリアがいなくなった両半導体の接触界面近傍の領域には**固定電荷**がとり残され, **空乏層**が生じる. これらの固定電荷は, それぞれ同じ符号の電荷で

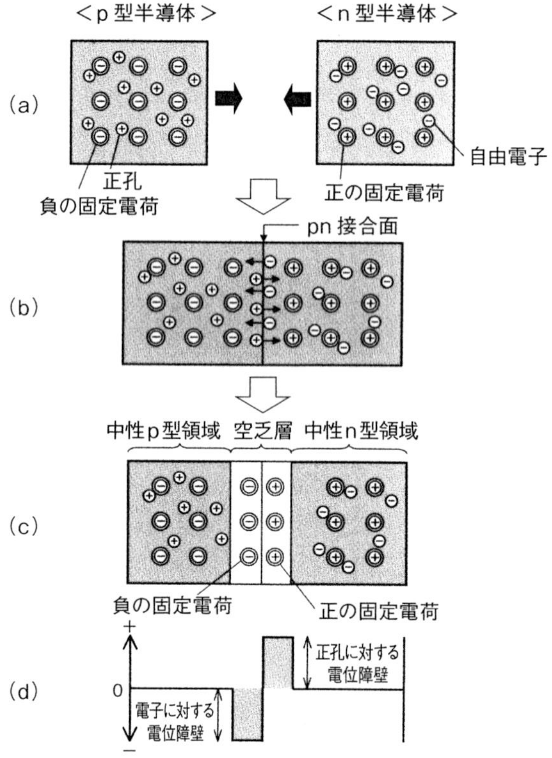


図 3.18　pn 接合と電位障壁

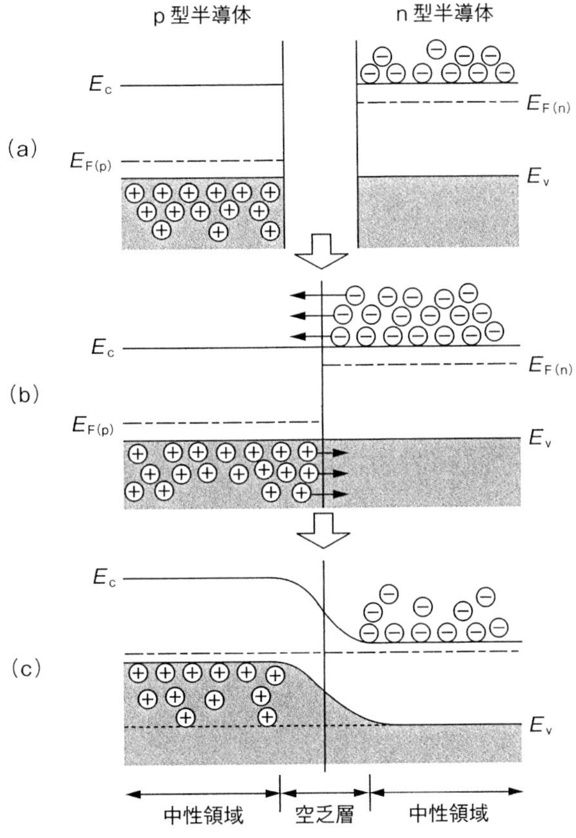


**図 3.19** pn 接合のエネルギー帯図

ある自由電子，正孔に対しては“障壁”となり，さらなる自由電子，正孔の拡散流入を妨げることになる．その電位障壁を図 3.18 (d) に示す．結局，pn 接合界面近傍に存在（出現）するこれらの電位障壁のために，pn 接合界面以外の領域では電気的中性が保たれることになる．

図 3.18 (a) ～ (d) に示される多数キャリアの挙動を，エネルギー帯図を使って表わすのが図 3.19 である．図 3.19 の (a) ～ (c) はそれぞれ図 3.18 の (a) ～ (c) に対応している．

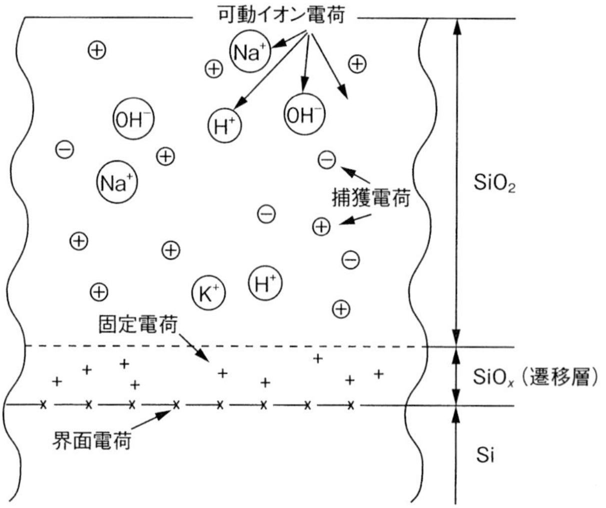


**図 3.20** 酸化膜および界面の電荷（志村史夫『半導体シリコン結晶工学』丸善より）

## ■半導体・絶縁体界面の電荷

近年の半導体エレクトロニクスの驚異的な発展をもたらした大きな要素の一つは，2.2 節で述べたように，半導体シリコンの表面に極めて安定な絶縁体である二酸化シリコン（$SiO_2$）が簡単に得られることである．しかし，図 2.13 に示された $SiO_2$/Si 界面には図 3.20 に示すような種々の電荷（charge）やトラップ（trap）が存在し，MOS デバイスの特性に大きな影響を及ぼす．

図 2.13 に示したように，$SiO_2$/Si 界面は構造的，化学的そして物理的に“乱れた領域”であり，そこに存在するダングリング・ボンドや不純物などが**界面電荷**の原因である．

**固定電荷**は $SiO_x$ 遷移層に存在する構造欠陥に起因する電荷で，正電荷が支配的である．固定電荷は界面電荷と異なり，電荷の状態は不変である．それが“固定”電荷と呼ばれる理由である．

**可動イオン電荷**は通常アルカリ金属イオン（$Na^+$, $K^+$）のほか $OH^-$ や $H^+$ によって生じるが，$Na^+$ が支配的である．

**補獲電荷**は酸化膜中の種々の欠陥に電子や正孔が捕獲されてできる負または

正の電荷である．トラップとなる欠陥には酸化膜中の不純物の他に電子線や放射線の照射によって生じるダングリング・ボンドも含まれる．

## チョット休憩● 3
### “マルチ人間”ヤング

『旧約聖書　創世記』の冒頭に「神が『光あれよ』といわれると，光が出来た．神は光を見てよしとされた」と記されている．これが記されたのは紀元前 6 ～ 5 世紀と考えられているが，以来今日まで，人類は「光」を追い求めているように思われる．物理学の分野においても「光」は今日まで一貫して「主役」の一人であり続けており，古代ギリシャの自然哲学に始まり，現代までの物理学史の中の多くのスターたちが「光」の研究に関与して来た．

光の正体，つまり，光は粒子なのか，それとも波なのか，を明らかにすることは，長い物理学史の中の主要な研究テーマであった．

ニュートン（1642-1727）はプリズムを使って，太陽光の“中味”を明らかにし，光の“源”を“発火物質から放出される微小な物質”と考えた（1672 年）．つまり，“光の粒子説”である．

ところが，1801 年，イギリスのヤング（1773-1829）が，光の干渉実験によって“光の粒子説”を見事に否定した．“光の波動説”が確立したのである．

このヤングは，一般には「光の干渉実験」や「ヤング率」で有名な物理学者として知られているが，実は，多方面に輝やかしい実績を遺す驚くべき“マルチ人間”である．『岩波理化学辞典』によれば，ヤングは「イギリスの医者，物理学者，考古学者」となっている．「医者，物理学者」は理解できるとしても，考古学者とは ?!

ニュートンの“光の粒子説”を否定する結果となった「光の干渉実験」の後，ヤングはイギリスの学界で袋叩きにあってしまった．あの偉大なニュートンの権威を傷つけるとは何ごとか！ということであったろう．

“マルチ人間”ヤングらしいのは，そんな騒動に嫌気がさしたのか，さっさと光の研究から足を洗い，古代エジプト文字およびパピルスの研究に転じ，象形文字の解読に多大な貢献をしたことである．古代エジプトに関わる考古学といえば必ず登場するのが，1822 年にシャンポリオン（1790-1832）によって解読された「ロゼッタ石」であるが，その解読の基礎を築いたのが，考古学者・ヤングだった．

ところで，本章で述べた「光電効果」は，“光の粒子性”を示す絶対的な証拠だった．

ということは，やはり，ニュートンの“光の粒子説”は正しかったのだろうか．

結論を先にいえば，光はアインシュタイン（1879-1955）が明らかにした“エネルギーの粒”つまり“光量子”と呼ばれるものであり，ニュートンが述べた“インクの粒”のような粒子ではない．

結局，光は，粒子性も波動性も同時に併せ持つマルチ的なモノなのだ．

## ■演習問題

**3.1**　図3.11より，仕事関数$\phi$と電気陰性度$\chi$の関係式を求めよ．

**3.2**　単結晶固体の仕事関数$\phi$の結晶面依存性について述べよ．

**3.3**　光電効果は光エネルギーによる電子放出であるが，光以外に電子放出させるエネルギーとしてはどのようなものがあるか．

**3.4**　電気･電子素子の電極として，オーム接触とショットキー接触のどちらが好ましいか．

**3.5**　オーム接触，ショットキー接触を実現するためにはどのような配慮が必要か．

**3.6**　半導体/絶縁体，例えば$Si/SiO_2$界面の電荷が半導体素子の性能に与える影響について考えよ．また，界面電荷を極力少なくするためにはどのような方策が必要か．

# 4 表面の動的挙動

前章までに表面と界面の「静的」な状態について述べた．しかし，多くの場合，現実的な表面は「動的」に変化する．内部（バルク）の原子と比べると表面原子ははるかに活性なので，表面の動的挙動は内部のそれに比べて多様かつ複雑である．

いずれにせよ，すべての物質，物体は必ず“表面”を持つので表面の動的挙動を理解することは，すべての材料を扱う上で，工業的にも極めて重要である．

固体表面では，吸着，脱離，触媒作用，酸化，腐食，摩耗，結晶成長，エッチングなど実にさまざまな物理的・化学的な反応が生じる．

本章では，表面の動的挙動について概観する．

## 4.1　吸着と脱離

### ■吸着

固体表面は外界と接しているので，固体表面には隣接する気相や液相の熱運動している原子や分子が常に衝突している．表面に衝突した原子や分子が，それぞれ別に存在するより，表面に“吸い着く”方が安定に存在できる場合に**吸着**という現象が起こるのである．特定の物質を選択的に吸着する能力を持つ物質は**吸着剤**と呼ばれる．

例えば，最近は，せんべいや海苔など，湿気を嫌う食べ物の容器の中には必ずシリカゲルと呼ばれる乾燥剤が入っているが，これは水分を吸着する吸着剤である．シリカゲルは，せんべいや海苔などよりも，水分の吸着力が強いので，せんべいや海苔を湿けないように保てるのである．また，冷蔵庫や部屋，トイレの臭気を除去するために用いられる脱臭剤は悪臭物質を吸着させる．水中の微量の有機物や悪臭物質を除き“おいしい水”を作る効果がある活性炭も吸着剤の一種である．このように，吸着という現象も，吸着剤も，われわれの日常生活において身近かなものである．さらに，近年は，吸着という現象が大気汚染の防止や水資源の確保など，地球環境と大きな関わりを持つようになっている．

吸着にはいろいろな種類があり，さまざまな観点から分類され得るが，本章では「表面物理」の観点から，「結合力」による分類に従い，**物理吸着**と**化学吸着**について述べることにする．

簡単にいえば，結合力が弱い吸着が物理吸着で，結合力が強い吸着が化学吸着であるが，その“強弱”は，吸着質（原子，分子）と表面の間で電子の交換を伴なわない（物理吸着）か，伴なう（化学吸着）かに依存する．

物理吸着と化学吸着の詳細については後述するとして，まず，吸着という現象に“したしむ”ために，身近かな吸着剤について述べよう．

### ■吸着剤

現在，さまざまな分野で，吸着剤は，上述の吸湿，乾燥脱臭などのほかに脱色，分離，イオン交換，および物質の回収など広い用途に利用されている．タンカー事故などによって海が重油で汚された時に活躍するのも吸着剤である．

吸着剤は，表面積，つまり吸着面積が大きい方が有利なので，すべて細かい粒子状か多孔質になっている．活性炭は多孔質吸着剤の典型例である．

吸着剤は一般に，**親水性（極性）吸着剤**と**疎水性（非極性）吸着剤**に大別される．

親水性（極性）吸着剤の大部分は，乾燥剤として用いられるシリカゲル，アルミナゲル，ゼオライトなどの無機系物質で，表面にO原子やOH基などの**極性基**を持っている．このため，水（$H_2O$）などの**極性分子**を選択的に吸着できるのである．

一般に最も多用されている乾燥剤であるシリカゲルは$SiO_2 \cdot nH_2O$を成分とするケイ酸の**ゲル**（微細な粒子のコロイド溶液が流動性を失い，多少の弾性と固さをもってゼリー状に固化したもの）で，無色または黄褐色，透明または半透明の粉末あるいは粒状の物質である．シリカゲルは高湿度の場合に極めて有効な吸湿力を発揮する．

ゼオライトは元来，天然鉱物である沸石（Na, K, Alなどの含水ケイ酸塩鉱物）を意味したが，現在では天然に存在しない多くの合成ゼオライトが水熱合成法などで作られている．"吸着・触媒"の分野の"ゼオライト"はアルミノケイ酸塩の総称で，$SiO_4$四面体と$AlO_4$四面体が酸素を共有して，3次元網目状に連結した多孔性の結晶である．この連結の仕方によって，形状と細孔の大きさが異なり，現在100以上の異なった構造のゼオライトが知られている．代表的な合成ゼオライトの骨格と細孔の構造を図4.1に示す．

ゼオライトの吸着特性は，図4.1に示される細孔によるものである．水蒸気の吸着の場合，低湿度（低水蒸気分圧）で極めて強力な吸湿効果を発揮するが，湿度が数%になるとすぐに飽和してしまう．このような吸着特性は後述する**ラングミュアの吸着式**で表現される．

合成ゼオライトの細孔径はある一定の範囲で自由にコントロールできるので，その特異な細孔構造を利用し，特定の分子を選択的に吸着，分離する**分子ふるい**（モレキュラー・シーブ；molecular sieve）としても効果的であり，現在，石油化学工業などで実用化されている．また，合成ゼオライトは，その特異な構造のために，近年，特に環境悪化問題の解決に貢献する**触媒**として注目を集めている物質でもある．

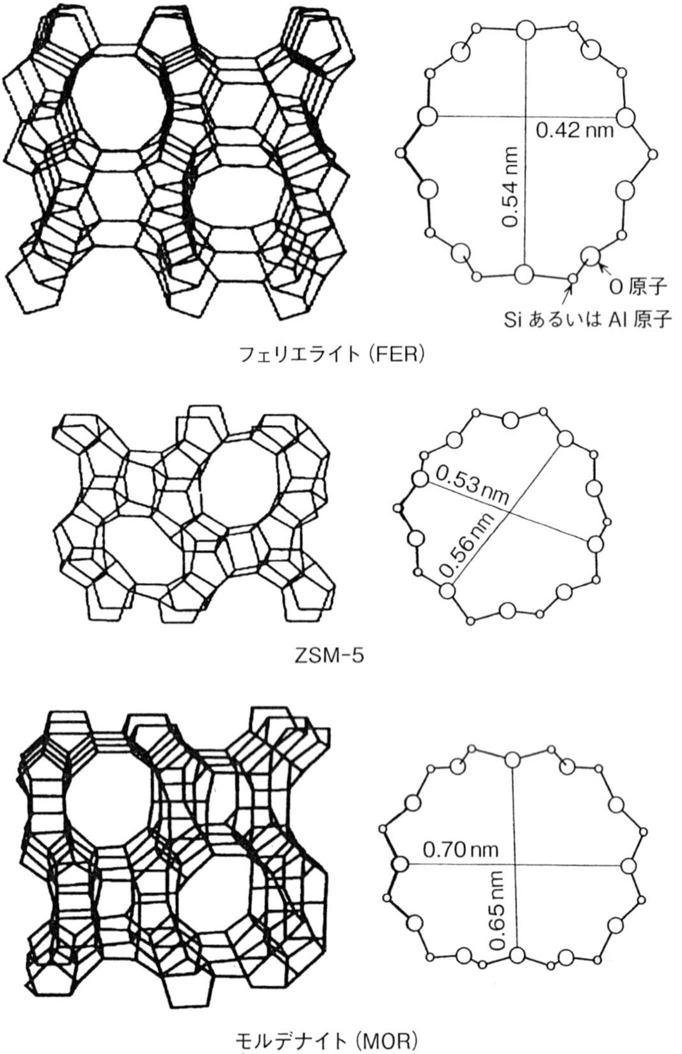


**図 4.1**　代表的な合成ゼオライトの骨格と細孔の構造（川合真紀，堂免一成『表面科学・触媒科学への展開』岩波書店より）

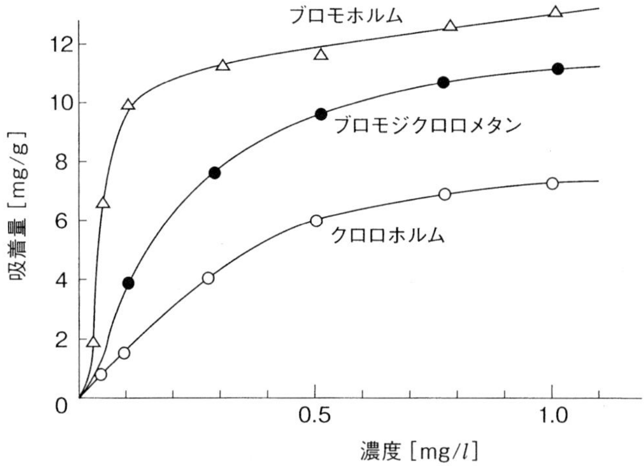


**図 4.2** 活性炭によるトリハロメタン類の吸着（荻野圭三『表面の世界』裳華房より）

一方，疎水性（非極性）吸着剤の代表はヤシ殻炭，木炭，竹炭などの活性炭である．疎水性の炭素表面から成る活性炭は，水中あるいは空気中の有機物質を選択的に吸着する．もちろん,疎水性であるから水分は吸着しないのである．つまり，活性炭のように多孔性で表面積が大きな吸着剤は有臭物質などの除去に極めて有効で，大きな脱臭効果を発揮する．

近年，飲料水，生活用水のための水処理の一環としての塩素滅菌処理で発生する発ガン性のトリハロメタン（$CHX_3$；X＝Cl, Br, I およびそれらの混合体）の除去に活性炭が活躍している．図 4.2 に活性炭によるトリハロメタン類の吸着曲線の一例を示す．一般に，活性炭による吸着効果は，温度が低いほど大きいことが実験的に確かめられている．

### ■吸着式と吸着等温線

温度一定の下で，いま，ある瞬間に，全表面のうち吸着質（原子，分子）で覆われている割合を**被覆率**と呼び $\theta$ で表わすと，表面から吸着質分子が脱離する速度 $R_d$ は $\theta$ に比例し

$$R_d = k_d \cdot \theta \tag{4.1}$$

で表わされる．ここで $k_d$ は脱離定数である．

一方，吸着質が表面で凝縮する速度 $R_a$ は吸着質分子に覆われていない表面の割合，すなわち（$1-\theta$）に比例する．また，$R_a$ は吸着質分子が表面を“たたく”回数，つまり濃度，気体の場合には圧力 $P$ にも比例するので

$$R_a = k_a \cdot P(1-\theta) \tag{4.2}$$

で表わされる．ここで $k_a$ は凝縮定数である．

ここで表面が吸着質の 1 層で覆われる**単分子層吸着**について考える．

一定時間後に吸着が平衡に達したとすると，$R_d = R_a$ となるので

$$k_d \cdot \theta = k_a \cdot P(1-\theta) \tag{4.3}$$

が成立し，この式を $\theta$ について解くと

$$\theta = \frac{k_a P}{k_d + k_a \cdot P} \tag{4.4}$$

を得る．ここで

$$K = \frac{k_a}{k_d} \tag{4.5}$$

と置くと，式（4.4）から

$$\theta = \frac{K \cdot P}{1 + K \cdot P} \tag{4.6}$$

が得られる．この $K$（$=k_a/k_d$）を**吸着係数**，式（4.6）を**ラングミュアの吸着式**と呼ぶ．

式（4.6）の $\theta$ と $P$ との関係は図 4.3 に示される．温度一定の下で，$P$ が大きくなると $\theta$ が 1 に近づく．つまり，全表面が吸着質で覆われることがわかる．図 4.3 に示される曲線をラングミュアの**吸着等温線**と呼ぶ．なお，式（4.6）の圧力 $P$ あるいは図 4.3 の横軸 $P$ を濃度 $C$ に置き換えれば気体以外の吸着質にも適用できることは明らかであろう．

いま述べたのは，吸着が吸着質の 1 層で完了する単分子層吸着の場合である．

このほか，吸着には多分子層吸着や吸着質の相互作用を無視できない場合などがある．さまざまな吸着の“型”は一般に，縦軸を“吸着量”，横軸を“気体の圧力”あるいは“濃度”として表わすと，図 4.4 に示すようなⅠ～Ⅴの 5 型に分類される．

これら 5 型の個々については，次項以下で述べるが，図 4.4 のⅠ型が上述の

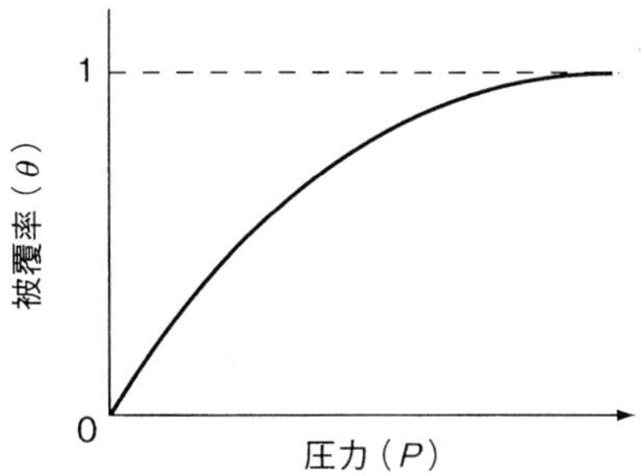


図 4.3　ラングミュアの吸着等温線

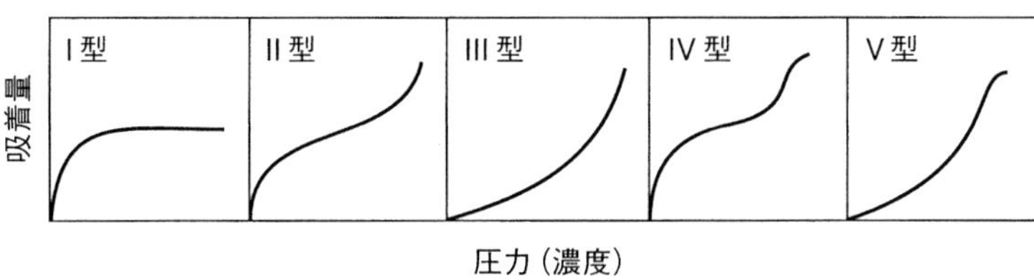


図 4.4　吸着等温線の 5 型

単分子層吸着である．

**■物理吸着**

吸着という現象，またわれわれの日常生活に身近かな吸着剤にかなりしたしんでいただけたと思うので，以下，"吸着の物理"について若干深く入っていくことにする．

すでに述べたように，一般に，吸着は吸着される物質（**吸着質**）と吸着する物質（表面）との結合力の強さによって，物理吸着と化学吸着に大別される．

2 個の分子が**永久双極子**を持つ**極性分子**の場合，それらの分子間には**引力ポテンシャル**による**分子間力**が生じる．また，一方が**無極性分子**の場合も，無極性分子が極性分子に近づくことによって無極性分子内に**誘起双極子**ができるので，結果的に分子間力が生じることになる．

無極性分子同士では分子間力が生じないかといえば，そうでもない．無極性分子内にも多数の電子が存在し，これらが常に運動しているから，各分子の電子雲の瞬間的な分布に歪みが生じ（この現象を**分散**と呼ぶ）双極子ができる場合がある．その結果，両分子間は**分散力**と呼ばれる引力ポテンシャルによって“結合”することになる．実は 46 ページで述べた“2 次結合”のファン·デル·ワールス結合の実体は，このような分散によって分子間にはたらく引力をまとめたものである．

さて，「まえおき」が長くなったが，物理吸着は，いま述べた分散力によって生じる．したがって，分散力の実体から，物理吸着は**ファン・デル・ワールス吸着**と呼ばれることもある．

物理吸着ポテンシャルは表面から遠去かるにつれて徐々にゼロに近づくが，後述する化学吸着ポテンシャルより遠方にまで力が及ぶ．分散力はすべての原子，分子にはたらくから，化学吸着ポテンシャルのない希ガスや安定分子の低温における吸着で，その特徴を発揮する．

図 4.2 の活性炭によるトリハロメタン類の吸着の説明で，吸着量が低温ほど増大するということを述べたが，これは物理吸着の特徴である．

さらに，物理吸着は，図 4.5 に模式的に示すように，それが**多分子層吸着**であることにもう一つの特徴がある．

吸着質分子を表面に引き付けている力（分散力）は，表面に近いほど強いので，第 1 層で最大になり，第 2 層以下で段階的に減少する．このため，吸着層は第 1 層から順々に完成されて行く．各層で吸着量が増すと吸着種間に分散力による引力ポテンシャルがはたらき，2 次元の凝縮が促進される．

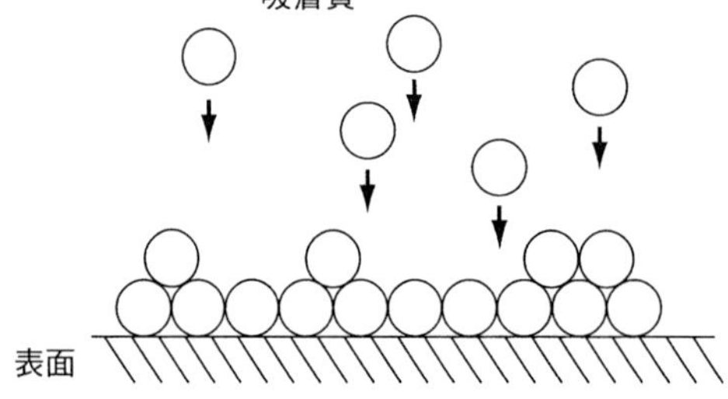


**図 4.5**　物理吸着による多分子層吸着

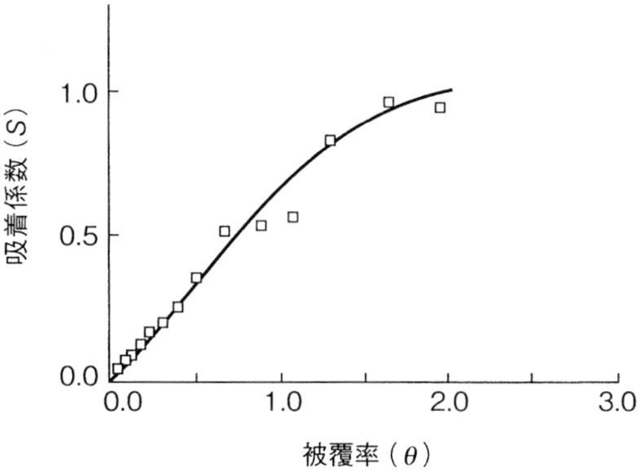


**図 4.6** Ne/Ru{100}における付着係数（$S$）の被覆率（$\theta$）依存性
（H.Schlichting and D.Menzel, *Surf.Sci.*, **272**（1992）より）

物理吸着速度は，一般に，吸着質（原子，分子）の表面への衝突回数当たりの吸着割合（吸着回数/衝突回数）である**吸着係数** $S$ で表わされる．衝突回数 $f$ は，表面に接している気体が熱平衡状態にある場合は，気体分子運動論により，

$$f = \frac{P}{(2\pi mkT)^{1/2}} \tag{4.7}$$

で与えられている．ここで，$P$ は気体の圧力，$m$ は分子の質量，$k$ はボルツマン定数，$T$ は絶対温度である．

表面に衝突する分子の中で，物理的吸着される分子の確率の測定は低温でのみ可能である．高温になると一度吸着した分子が脱離（後述）してしまうからである．

吸着係数 $S$ は，一般に，被覆率 $\theta$ に依存する．一例として，Ru {100} 表面に室温の Ne ガスを衝突させた場合の，$S$ の $\theta$ 依存性を図 4.6 に示す．$S$ は $\theta$ と共に増加し，$\theta$= 1.0 つまり吸着層第 1 層が完成する時，$S \approx 0.5$ となり，$\theta$= 2.0 つまり吸着層第 2 層が完成する近辺で $S \approx 1.0$ となることが示されている．この S の $\theta$ 依存性は後述する化学吸着の場合と著しく異なる．

ところで，図 4.4 に“吸着等温線の 5 型”を示したが，これらのうち，II 型～V 型は物理吸着に属する．

Ⅱ型は多分子層吸着の代表的な形である．Ⅲ型は吸着質分子と吸着表面との相互作用が吸着質分子間の相互作用よりも弱い場合に現われる．また，吸着表面が活性炭のような多孔質固体の場合には，多分子層の厚さが空間的に制限され，Ⅱ型→Ⅳ型あるいはⅢ型→Ⅴ型と変形される．

## ■化学吸着

化学吸着は，吸着質（原子，分子）と表面原子との化学結合によって生じるので**化学反応**の一形態である．前述のように化学吸着においては，吸着種と表面原子との間で電子の交換（厳密ないい方をすれば，波動関数の重なりで生じる量子力学的相互作用）があるので，電子の交換を伴なわない分散力による物理吸着と比べ，吸着が強固である．例えば金属表面へのCO分子の吸着では，金属の結合軌道とCO分子の分子軌道とが量子力学的相互作用する．

また，そのような“電子交換”（相互作用）の結果，吸着種自身が双極子による大きな引力ポテンシャルを持つことになるので，吸着種同士の相互作用も強くなる．

化学吸着の本質を考えれば理解しやすいと思うが，化学吸着そのものの“現象”は基本的に単分子層に限られる．実は，図4.4のⅠ型は，そのような単分子層吸着を示すものであり，化学吸着の特徴を示すものでもあった．

したがって，化学吸着速度は吸着していない表面の割合，すなわち空席$(1-\theta)$

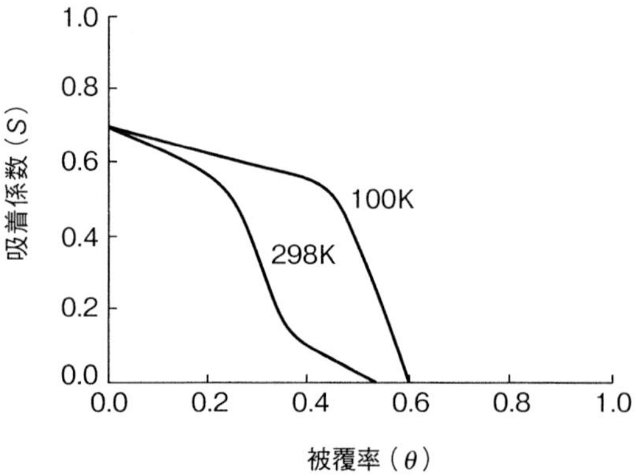


**図 4.7** CO/Ru{100}における吸着係数（$S$）の被覆率（$\theta$）依存性
（H.Pfnür and D.Menzel, *J.Chem. Phys.*, **79** (1983) より）

に比例することになり，$\theta=0$ の時の吸着係数を $S_0$ とすれば

$$S=(1-\theta)S_0 \tag{4.8}$$

となり，吸着係数 $S$ は $\theta$ の増加と共に単調に減少する．

しかし，化学吸着は 2.1 節で述べた表面緩和や表面再構成などの影響も受けるので，現実的には，$S$ と $\theta$ との間に単純な直線関係は得られない．一例として，図 4.7 に Ru{100} 表面に CO が吸着する場合の $S$ の $\theta$ 依存性を示す．いずれの温度においても，式 (4.8) から予測されるような単純な直線関係は得られていない．いずれにせよ，図 4.6 に示した物理吸着の場合の $S$-$\theta$ 関係とは明確に異なることに留意していただきたい．

### ■脱離

一般に吸着速度は吸着質（原子，分子）の表面への衝突数，被覆率，表面温度で決まる．脱離は，このような吸着の逆過程であるが，表面に吸着した吸着質（原子，分子）が脱離する現象は，化学吸着と共に表面上で起こる最も単純な化学反応であるといえる．

表面に吸着している，つまり表面原子と結合している吸着質（原子，分子）が表面から脱離する，つまり結合が切れるためには，何らかの形で**脱離エネルギー**(**解離エネルギー**)が供給されなければならない．最も一般的なエネルギー源は熱であり，熱エネルギーによる脱離は**熱脱離**と呼ばれる．また，電子励起に誘起される脱離としては，**光刺激脱離**と**電子刺激脱離**がある．

熱脱離は，熱平衡下で進行する表面と吸着質（原子，分子）の解離であり，吸着質が表面原子との結合を切断して脱離する過程を考えると，その脱離速度 $R_\mathrm{d}$ は

$$R_\mathrm{d}=-\frac{dn_\mathrm{a}}{dt}=\upsilon_m\cdot{n_\mathrm{a}}^m\exp\left(-\frac{E_\mathrm{d}}{k_\mathrm{B}T}\right) \tag{4.9}$$

で与えられる．ここで，$n_\mathrm{a}$ は吸着質（原子，分子）の数密度，$\upsilon_m$ は頻度因子，$m$ は反応の次数，$E_\mathrm{d}$ は脱離エネルギー（脱離の活性化エネルギー），$k_\mathrm{B}$ はボルツマン定数，$T$ は表面の絶対温度である．反応の次数 $m$ は，吸着質原子 1 個が独立に脱離すると $m=1$（1 次反応）で，2 個の原子が 2 原子分子を作りながら脱離すると $m=2$（2 次反応）となる．

しかし，一般には，$\upsilon_m$ や $E_\mathrm{d}$ は定数ではなく，$\theta$ や $T$ の関数で与えられるの

で，$R_d$ もそれらの関数となる．$R_d$ が関係する因子は，$T$ を上げて行った時に脱離する吸着質（原子，分子）の脱離量の時間 $t$，あるいは温度 $T$ に応じた変化を表わす**熱脱離スペクトル**（TDS）から実験的に求められる．

電子励起に伴なう脱離には，内殻電子励起によるイオン脱離と価電子励起による基底状態の中性分子（原子）の脱離の 2 種類が観測されている．

■**界面活性剤**

表面・界面に関係する分野で，吸着剤と共に，われわれにとって身近なものといえば，洗剤に代表される**界面（表面）活性剤**であろう．界面活性剤は，表面や界面の性質を“活性化”する物質である．この場合の“活性化”（**表面活性**）とは，具体的そして物理的にいえば，物質が液体に溶けると，溶液の**表面張力**が減少することである．このような表面活性に対して，表面張力がわずかに増加する，あるいはほとんど変わらないことを**表面不活性**という．

水に対しては，無機塩類，砂糖，グリセリンなどは表面不活性を示す物質であり，アルコール，エーテル，脂肪酸，石鹸などは表面活性物質である．特に表面活性の強い物質が界面（表面）活性剤と呼ばれるわけである．

界面活性作用は，界面活性分子が種々の分子集合体を形成することに端を発する．分子集合体が界面（表面）に膜状に集まる**界面吸着**と，溶液中や他の媒体の中でさまざまな形に集まる**会合**がある．界面の種類，共存物質などによって，生じる現象が一見異なっているが，いずれも基本的には同じ現象である．

界面活性剤が最も活躍している場は“水の中”であるが，近年の化学工業では，石油，油脂，有機溶液などの中でも活面活性剤が多用されている．

しかし，一般には，水に溶かして用いられる水溶性界面活性剤が圧倒的に多いので，以下では，水の中での界面活性剤について述べることにする．

余談だが，性質が正反対のために互いに融和しない，混ざり合わないことのたとえとして「水と油」という言葉がある．自然界にも世の中にも，性質が正反対のものが，“水”と“油”のほかにもたくさんありそうなものだが，どういうわけか昔から「水と油」なのである．確かに，水と油を混ぜても，油はすぐに浮いて上に，水は沈んで下に，という具合に分離してしまう．

なぜ，水と油は混ざり合わないのだろうか．

水分子（$H_2O$）は分極しているので，水は構成分子が分極している物質とは

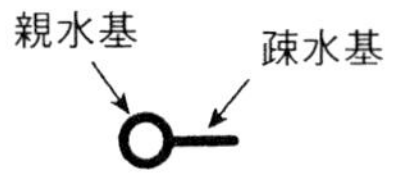


**図 4.8** 界面活性剤の模式図

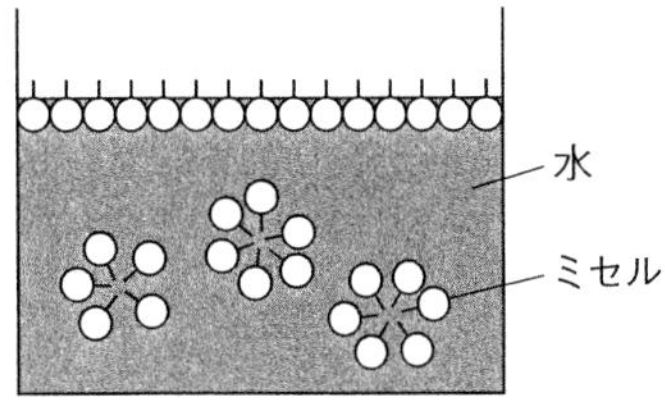


**図 4.9** 水面と水中のミセルの形成

親和性を持つのであるが，分極していない物質とは親和性を持たないのである．前者を親水性の物質，後者を疎水性の物質と呼ぶ．油は典型的な疎水性の物質である．

このような水と油（疎水性の物質）の“仲”を取り持つのが洗剤（石鹸）に代表される界面活性剤である．

界面活性剤は，図 4.8 に模式的に示すように，1 個の分子の中に**親水基**と**疎水基**（**親油基**）を持つ化学物質で，水にも油にも親和性を持つ“両刀使い”の化合物（**両親媒性化合物**）である．

以下，石鹸を例に“洗浄”のメカニズムも考えてみよう．

少量の石鹸を水に入れると，図 4.9 に示すように，水の表面，つまり空気と水の界面に拡がり，界面吸着によって石鹸の薄膜ができるが，この時，親水基は水中に，疎水基は上を向いて配列する．つまり，水の表面は疎水性になって表面張力が低下し，表面の“反撥力”が弱まるため，他の物質を取り込みやすい状態になるのである．さらに，ある一定濃度以上の石鹸を水に加えると，数十個の石鹸の分子が会合し，疎水基を内側に，親水基を外側に向けて球形の構造（**ミセル**と呼ばれる）を作る．

このようなミセルによる洗浄（“油汚れ落とし”）のメカニズムを模式的に示すのが図 4.10 である．

油と水の界面ではミセルの疎水基が油の中に溶け込む．時間が経つと油汚れはミセルに完全に覆いつくされる．つまり，油汚れの外側（表面）は親水性となり，結果的に油汚れは親水性の粒子（**コロイド**）となって水の中に分散されるのである．

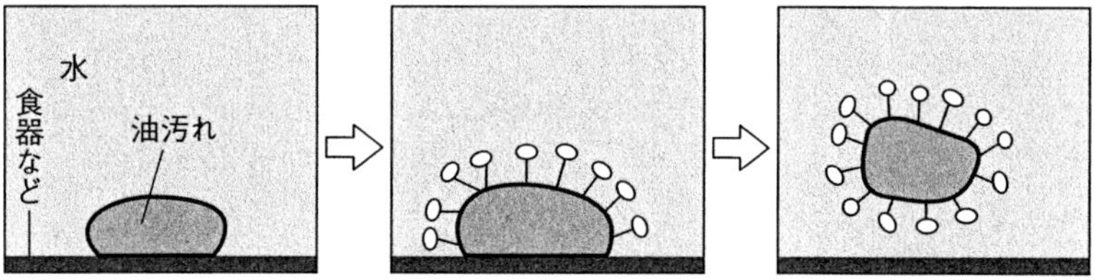


**図 4.10**　界面活性剤（石鹸）による洗浄のメカニズム

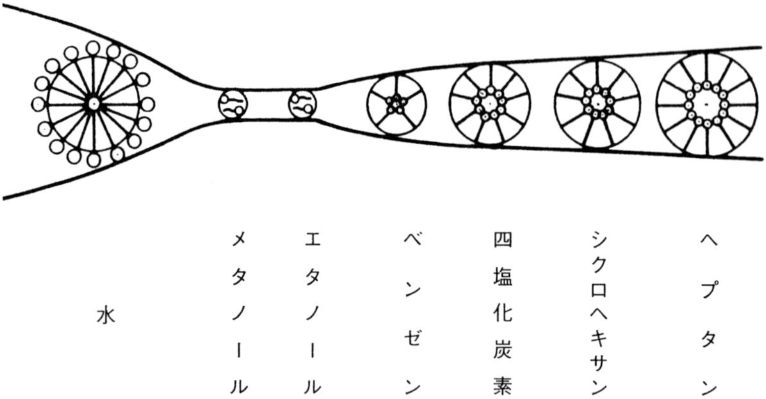


**図 4.11**　溶媒によるミセルの形状の変化
（鈴木洋『界面と界面活性物質』産業図書より，一部改変）

上述のように，界面活性剤の主流は水溶性のものであるが，近年，油溶性界面活性剤の研究も進み，油中での性質や用途も考えられるようになっている．

例えば，アニオン系界面活性剤で種々の溶媒に溶けるエアロゾルは図 4.11 に示すように，さまざまな溶媒中で，さまざまな形状のミセルを形成する．メタノール以下の非水溶媒中では，水中の場合と比べ親水基と疎水基の向きが逆になっていることに留意していただきたい．このような，水中と反対向きのミセルを**逆ミセル**と呼ぶ．

## ■液晶

本章で“液晶”が登場することに驚く読者は少なくないかも知れない．しかし，液晶は，いま述べた界面活性剤と深い関係があるのである．

現在，液晶は，さまざまな電気，電子機器のディスプレイ（表示）に不可欠の素材となっている．液晶ディスプレイは薄型で消費電力も少ないことから，携帯電話，ノート型パソコン，電子辞書，電卓などに多用されている．また，カラー液晶の発達により，ブラウン管を使った箱型テレビに替わり，薄型の液晶テレビの普及が急速に進んでいる．

ところで，“液晶”とは何か，を簡単に説明しておこう．液晶について，すでに熟知している読者は，以下の説明を飛ばして読んでいただいて構わない．

すべての物質は気体，液体，固体のいずれかに分類される．物質を構成する個々の原子が“固定”された状態が固体である．固体のうち，原子が3次元的に規則正しく整然と配列している物質が**結晶**である．つまり，結晶は，気体や液体とは本質的に相いれない構造である．ところが，棒状あるいは円盤状の分子から成る有機（高分子）物質の中には，ある条件下で，流動性を持つ液体でありながら，構成分子があたかも固体の結晶のように規則的に配列するものがある．このような液体を“液体でありながら結晶のような構造的秩序を持つ物質”という意味で**液晶**と呼ぶのである．

さて，以下，このような液晶と界面活性剤との関係の話である．

いままでに述べた界面活性剤は，一般に，低濃度（通常≦1%）で用いられるが，濃度を増して行くといろいろな面白い現象が見られる．界面活性剤の濃度を徐々に増して行った場合の，界面活性剤分子の溶媒（水）中での集合（会合）状態を模式的に描いたのが図4.12である．

まず，極低濃度ではモノマー(1)が数個会合した**小ミセル**(2)ができ，**臨界ミセル濃度**（c.m.c.；critical micelle concentration）と呼ばれる界面活性物質特有の臨界濃度（0.001～0.6%程度）に達すると**球状ミセル**(3)ができる．さらに濃度が高くなると多数の球状ミセルがくっついて細長い**円筒状ミセル**(4)となる．円筒状ミセルでは，疎水基は内側の中心部に向って集まり，親水基が外側に向いている．

さらに濃度が増すと，円筒状ミセルが6個を単位として束状に集まり(5)“結晶”状態を形成する．つまり，“液晶”の第一段階である．これは，一般の結晶（固体）の六方晶系に相当するので**ヘキサゴナル液晶**と呼ばれる．ヘキサゴナル液晶を構成する円筒状ミセルの間には水が存在する．

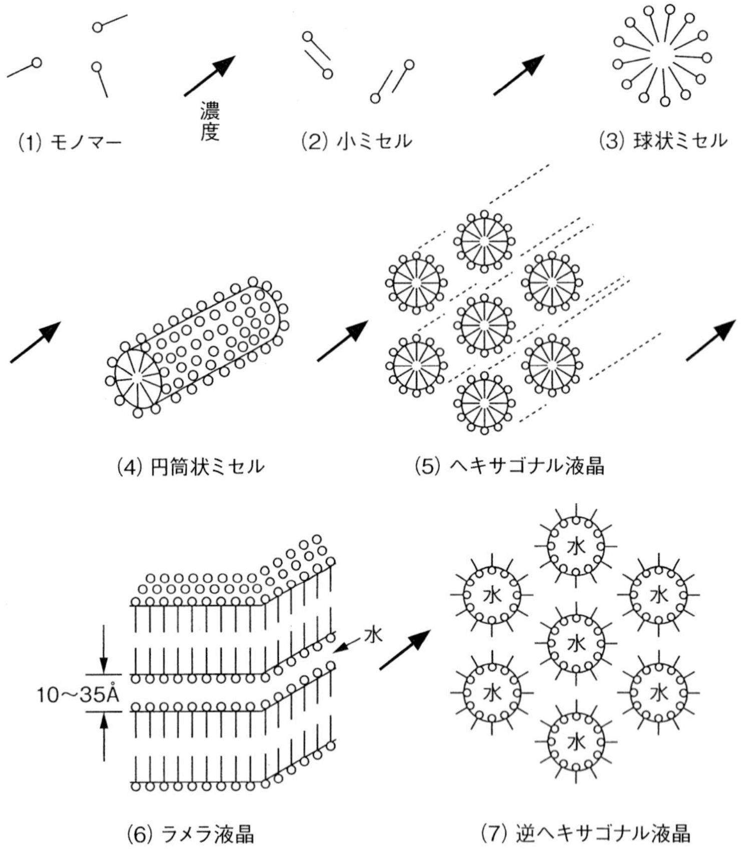


**図 4.12**　ミセルの形状，液晶形成の界面活性剤濃度依存性
（荻野圭三『表面の世界』裳華房より，一部改変）

さらに濃度が高くなると，疎水基同士，親水基同士が横に並んで層状に集合した**ラメラ構造**（板状の構造単位が一定の規則に従って集合した構造）の**ラメラ液晶** (6) となる．親水基層間には水が入る．そして，さらに濃度が高くなると，溶媒である水分の方が少なくなるため，内側に水を含む**逆円筒状ミセル**が集まって**逆ヘキサゴナル液晶** (7) が形成される．

このように，界面活性剤は，その濃度によって，さまざまな集合形態をとり，高濃度の場合には液晶を形成する．液晶が光，電界，磁界などの外部刺激が加わる方向によって配列方位や性質を変化させる性質（**異方性**）を持つことを利用し，さまざまな電気・電子機器のディスプレイに応用されているのである．

## 4.2 表面酸化と表面窒化

### ■酸化膜と窒化膜

マイクロエレクトロニクスデバイスの分野における支配的な基板材料はシリコン（Si）であるが，その最も基本的な理由の一つは，化学的に極めて安定な絶縁膜（酸化膜，窒化膜）が半導体シリコン基板上に簡単に形成されることである．このような絶縁膜の存在とプレーナー技術の発明が，今日のマイクロエレクトロニクスデバイスを実現した要であったといえる．本節では，その重要性を鑑み，半導体シリコンの表面酸化と表面窒化について述べる．なお，これらに関する詳細は，巻末に掲げる参考図書 2-1 などを参照していただきたい．

絶縁膜の主役はシリコン酸化膜（$SiO_2$）である．

二酸化シリコン（$SiO_2$）の変態としては，結晶相 10 種，無定形（非晶質）相 3 種が知られているが，シリコン熱酸化膜は無定形である．$SiO_2$ 構造の基本単位である $(SiO_4)^{4-}$ 正四面体を図 4.13 (a) に示す．正四面体の中心には $Si^{4+}$ が

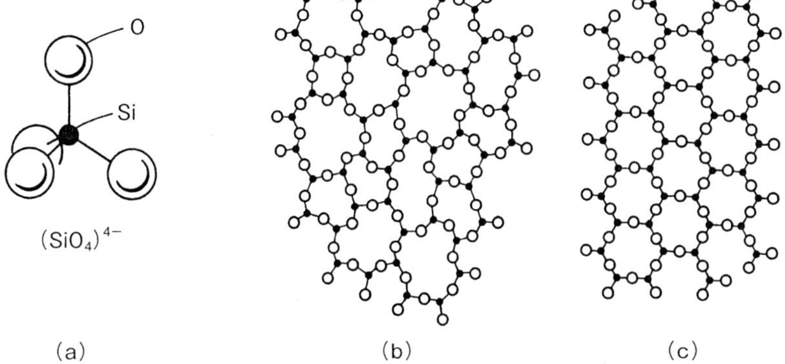


**図 4.13** $(SiO_4)^{4-}$ 正四面体（a）と非晶質 $SiO_2$（b）および結晶質 $SiO_2$（c）の 2 次元模式図

位置し，各頂点に 4 個の $O^{2-}$ が配置している．無定形 $SiO_2$ は，この $(SiO_4)^{4-}$ 四面体の各頂点が“橋渡し”的役割を果たす架橋酸素を介してランダムに結合した 3 次元の網目から成っている．結晶質 $SiO_2$ の場合は，規則正しい周期的な結合の 3 次元網目になる．これらの無定形および結晶質 $SiO_2$ の 3 次元網目構造をある平面で切断した場合の模式的 2 次元網目構造をそれぞれ図 4.13 (b), (c) に示す．

シリコン酸化膜は，その化学的，電気的，そして機械的特性からシリコン固体デバイス製造のさまざまな分野に利用されている．その応用を大別すれば以下のようにまとめられる．

(1)　選択拡散マスク
(2)　対不純物保護膜（シールド酸化膜）
(3)　対機械的ダメージ保護膜
(4)　絶縁分離膜（フィールド酸化膜）
(5)　MOS 用ゲート絶縁膜
(6)　MOS 用キャパシター絶縁膜
(7)　表面パッシベーション

図 4.14 に，代表的な LSI デバイスである MOS-DRAM セルの断面模式図と各種酸化膜の用例を示す．

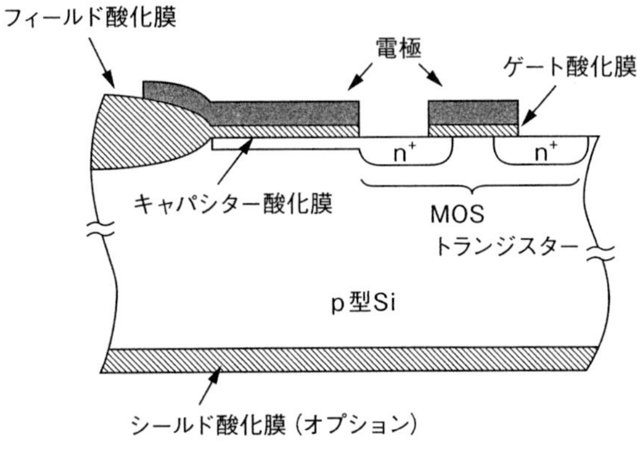


**図 4.14**　MOS-DRAM セルの模式図と各種酸化膜

シリコン酸化膜は，一般に，シリコン基板の熱酸化あるいは化学的気相成長（CVD）法で形成されるが，エレクトロニクスデバイスに用いられる酸化膜は主としてシリコン基板（ウエーハ）を高温の酸化雰囲気にさらした時，表面に均一に形成される**熱酸化膜**である．それは形成が簡単なことと，膜の高品質性，さらに $Si/SiO_2$ 界面の諸特性が CVD 酸化膜と比べて優れている理由による．熱酸化膜と比べるとはるかに低温で形成され得る CVD 酸化膜も近年注目されてはいるが，本節ではその重要性と一般性，および「表面・界面物理」的興味から熱酸化膜について述べる．

シリコン熱酸化膜がエレクトロニクスデバイス製造上，比類なき優れた特性を有しているのは事実であるが，その物理的特性の限界から膜厚が 10 nm 以下程度になると，その電気的特性，マスク特性などの劣性が顕著になって来る．近年のデバイスの微細化に伴なう薄膜化の要請上，シリコン酸化膜に代わる，あるいは相補的に用いられる物質としてシリコン窒化膜（$Si_3N_4$）やタンタル酸化膜（$Ta_2O_5$）などが有望視されている．

シリコン窒化膜は，図 4.15 にまとめるように，シリコン酸化膜に比べて構造が緻密であり，強力な不純物マスク効果，プラズマやイオンさらに各種放射線に対して優れた耐性がある．また，シリコン窒化膜はシリコン酸化膜より誘電率が 50% ほど大きいので，キャパシターの薄膜化に有利である．さらに，シリコン窒化膜中には多数のキャリア捕獲準位（トラップ・レベル）が存在し，

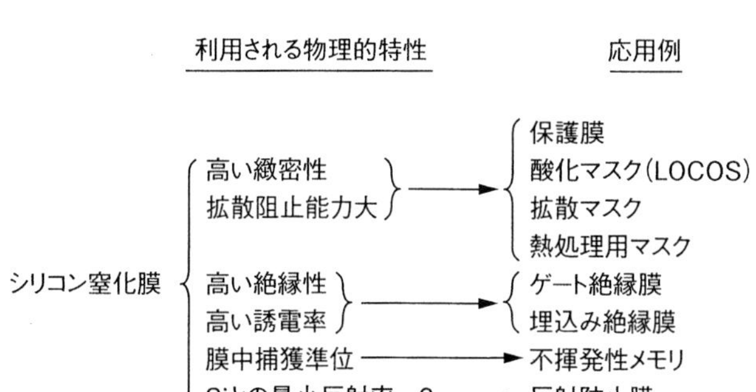


**図 4.15**　シリコン窒化膜の物理的特性とその応用例（藤田静雄，佐々木昭夫，応用物理，**54** (1985) 1250 より）

不揮発性メモリーというシリコン酸化膜にはない応用分野もある．

これらの特徴を活かし，シリコン窒化膜は図 4.15 に示すような多くの分野に応用されている．しかし，シリコン窒化膜の諸特性は作製条件に対する依存性が強く，シリコン酸化膜と比べると技術的完成度および理解度が低いことは否めない．それでも，その重要性を鑑み，本節ではシリコン窒化膜についても簡単に触れることにする．

## ■シリコンの熱酸化

シリコン（Si）表面は酸素（O）に対する**親和力**が高いので，シリコン表面は酸化雰囲気にさらされると直ちに酸化膜を形成する．エレクトロニクス分野におけるシリコンの熱酸化は通常 $O_2$，$O_2$-$H_2O$，$H_2O$，$H_2$-$O_2$ などの雰囲気で行なわれる．また，HCl あるいは $Cl_2$ などのハロゲンを添加した雰囲気での熱酸化も広く実用化されている．Si の酸化は

$$Si + O_2 \rightarrow SiO_2 \tag{4.10}$$

$$Si + 2H_2O \rightarrow SiO_2 + 2H_2 \tag{4.11}$$

の化学反応式で表わされる．

酸化種（$O_2$ または $H_2O$）が表面の Si 原子と反応して $SiO_2$ を形成した後，酸化種が形成した $SiO_2$ 層を拡散し，$SiO_2$/Si 界面に達して，Si 原子との新たな反応を起こして酸化は進行する．つまり，酸化の過程で，$SiO_2$/Si 界面は順次シリコン内部に向って移動することになる．しかし，Si と $SiO_2$ の分子量と密度の差から $SiO_2$ の体積は，同原子個数の Si と比べて約 2 倍に膨張するので，酸化膜の表面は酸化前のシリコンの表面とは異なる．Si と $SiO_2$ の密度（Si/$SiO_2$ = 2.33/2.24）と分子量（Si/$SiO_2$ = 28.09/60.08）の差から，図 4.16 に示すように，熱酸化膜の全厚さを $X_0$ とすれば，シリコン基板はそのうちの 0.45 $X_0$ を消費したことになる．

図 4.17 は，熱酸化したシリコン基板断面の $SiO_2$/Si 界面近傍の高分解能透過電子顕微鏡像である．各々の格子像から，無定形 $SiO_2$ と結晶質 Si が明瞭に示される．また，$SiO_2$/Si 界面は原子レベルでは完全に平坦というわけではなく，数原子オーダーの凹凸を含むことが観察される．$SiO_2$/Si 界面の原子レベルでの平坦度は結晶面方位，酸化条件に依存する．

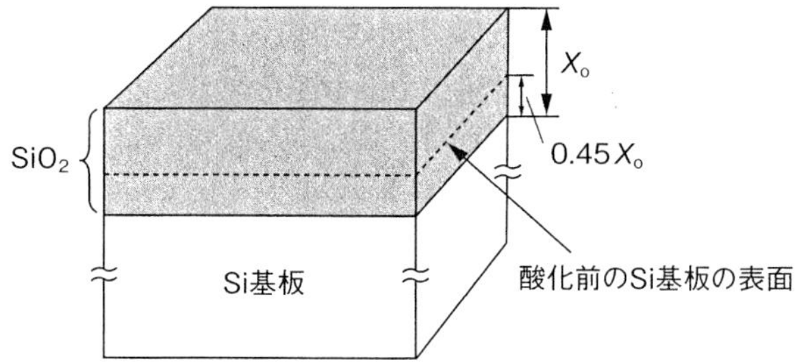


図 4.16　Si 上の $SiO_2$ 膜の成長

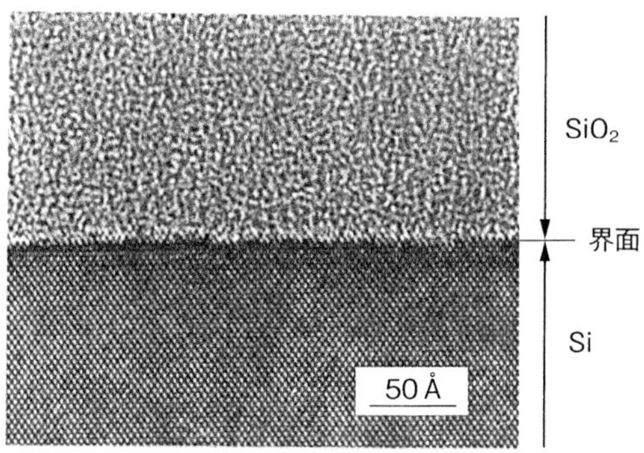


図 4.17　$SiO_2$/Si 界面近傍の高分解能透過電子顕微鏡（HR-TEM）像

## ■シリコン酸化膜の成長

通常の酸化条件，つまり酸化温度 700～1300 ℃，酸素分圧 0.2～1.0 気圧での厚さ（$X$）30～2000 nm のシリコン酸化膜の成長速度 $dX/dt$ は実験的および理論的検討が確立しており

$$X^2 + AX = Bt \tag{4.12}$$

$$A = 2D\left(\frac{1}{k_S} + \frac{1}{h}\right) \tag{4.13}$$

$$B = 2DC^*/N_{ox} \tag{4.14}$$

が導かれている．ここで，$D$ は酸化種の酸化膜中の拡散係数，$k_S$ はシリコンの酸化に関わる表面化学反応速度定数，$h$ は物質移動係数，$C^*$ は酸化種の酸化膜中の平衡濃度，$N_{ox}$ は単位体積当たりの酸化種の分子数である．なお，式(4.12)～(4.14) の導出過程については，巻末に掲げる参考図書 2-1 などを参照していただきたい．

式（4.12）を $X$ について解くと

$$X=\frac{A}{2}\left\{\left(1+\frac{t}{A^2/4B}\right)^{1/2}-1\right\} \tag{4.15}$$

となる．

酸化時間が非常に長い場合，つまり $t \gg A^2/4B$ の時，式（4.15）は

$$X^2 \simeq Bt \tag{4.16}$$

となる．これは **2 乗則**と呼ばれ，酸化速度は酸化種の拡散律速となる．そして，$B$ を 2 乗則定数と呼ぶ．

一方，酸化時間が短い場合，つまり $t \ll A^2/4B$ の時，式（4.15）は

$$X=\frac{B}{A}t \tag{4.17}$$

となる．これは，**直線則**と呼ばれ，酸化速度は反応律速となる．そして $B/A$ を直線則定数と呼ぶ．

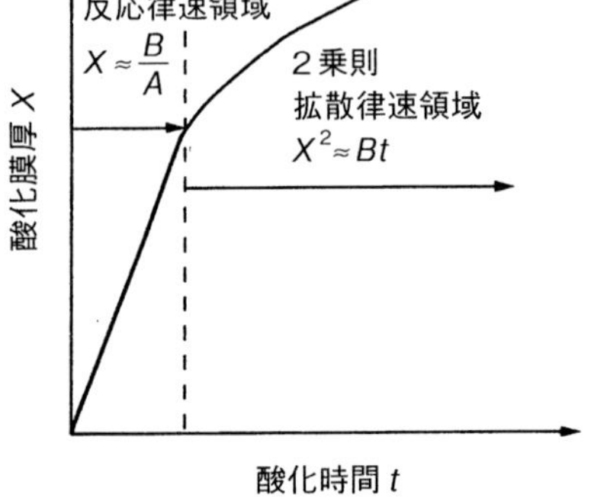


**図 4.18**　酸化速度の直線則と 2 乗則

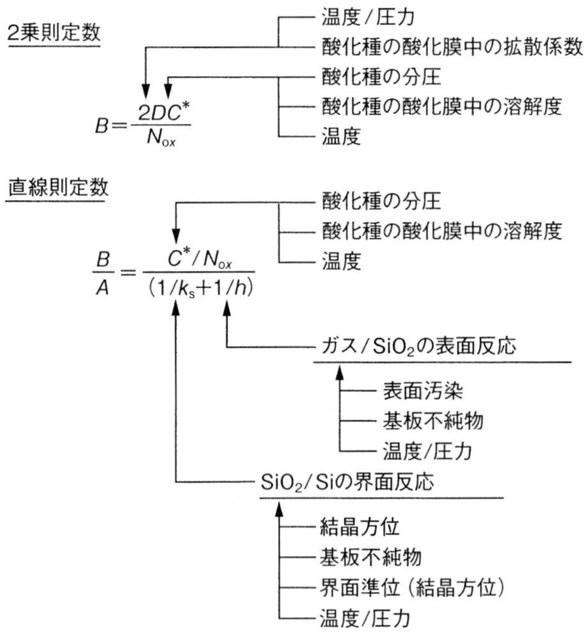


**図 4.19** シリコンの熱酸化速度に影響を与える諸因子

式（4.16），(4.17）を模式的に図示すれば，図 4.18 のようになる．

このように，一般的な酸化条件下での“厚い”（$X \approx 30 \sim 2000$ nm）のシリコン酸化膜の成長速度は，直線則定数（$B/A$），2 乗則定数（$B$）で規定され，これらの定数は図 4.19 に示すようなさまざまな因子の影響を受ける．

しかし，近年の MOS デバイスなどが要求する 10 nm 以下の厚さの酸化膜の成長に対しては，まだ不明の点が多く，さまざまなモデルが提案されている段階である．それは，初期酸化がシリコン基板表面の清浄度など副次的な因子に強く依存するためである．

**■酸化膜 / シリコン界面での不純物偏析**

エレクトロニクスデバイス製造に用いられるシリコン基板中には，p あるいは n 型，およびそれらの抵抗率を決めるドナーあるいはアクセプターとしてはたらくドーパント（添加物）が含まれているが，酸化膜の成長（図 4.16 参照）

と共にドーパントは再分布する．それは，ドーパントの溶解度と拡散速度が $SiO_2$ 中と Si 中とで異なるからである．ドーパント（一般的にいえば“不純物”）の Si 中の溶解度を $[C]_{Si}$，$SiO_2$ の溶解度を $[C]_{SiO_2}$ とすれば，平衡偏析係数 $k^*$ は

$$k^* = \frac{[C]_{Si}}{[C]_{SiO_2}} \tag{4.18}$$

で定義される．

$SiO_2$/Si 界面近傍のドーパントの偏析は $k^*$ の値に支配されるが，再分布はさらにドーパントの $SiO_2$ 中および Si 中の拡散速度比，$SiO_2$/Si 界面の移動速度（つまり酸化速度）と $SiO_2$ 中の拡散速度との相対比などで決定される．

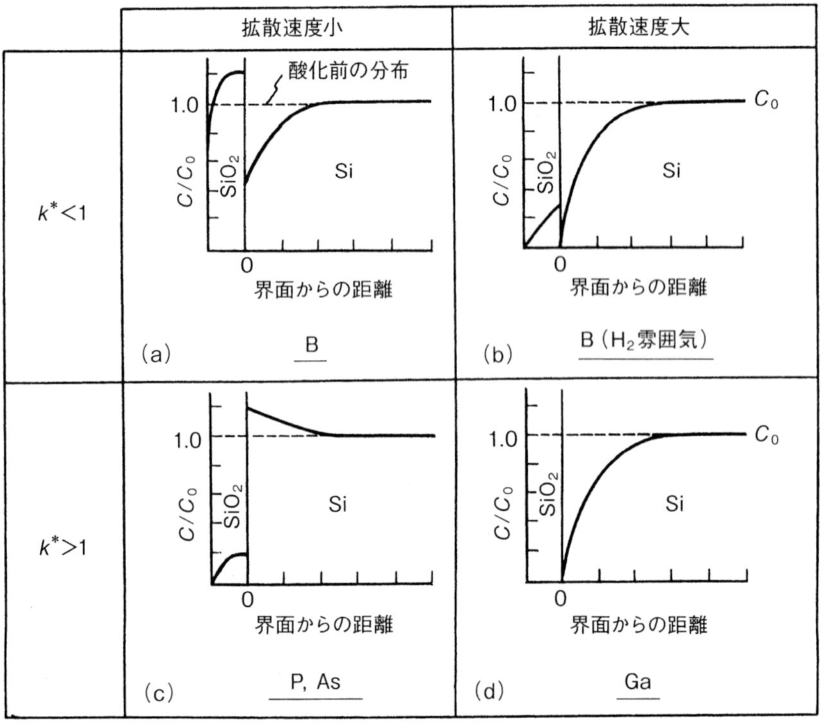


**図 4.20**　熱酸化による $SiO_2$/Si 界面近傍のドーパントの再分布（A.S. Grove, et al., *J. Appl. Phys.*, **35** (1964) 2695 より，一部改変）

平衡偏析係数（$k^* < 1$ または $k^* > 1$）および $SiO_2$ 中の拡散速度（大または小）の組合せにより，ドーパントの $SiO_2/Si$ 近傍の濃度（$C$）分布は定性的に図 4.20 に示すような 4 型に分類できる．図中，代表的なドーパント元素（B, P, As, Ga）も記されている．

酸化前のドーパント分布は破線で示されるように $C_0$ で一定である．$k^* < 1$ の場合，ドーパントは $SiO_2$ 中に偏析する（a および b）．$k^* > 1$ の場合は逆に，ドーパントは Si 中に偏析する（c および d）．偏析後の再分布は，上述のように，ドーパントの拡散速度に依存する．拡散速度は基板面結晶方位，酸化雰囲気，酸化温度などに依存するので，ドーパントの定量的偏析および再分布も，これらの因子に依存することになる．

ドーパント以外の，シリコン基板表面に存在する汚染物（不純物）はデバイス特性劣化に直接的な影響を及ぼす．特に遷移金属不純物は，酸化膜絶縁特性の劣化や積層欠陥などの基板表面微小欠陥発生の元凶である．これらの表面汚染不純物もドーパントと同様に，シリコン酸化膜の成長とともに再分布する．しかし，酸化前に不純物が存在する場所が表面に限られる点がドーパントの場合と異なる．以下，避けるべき代表的な不純物金属である Fe と Cu の熱酸化による再分布現象について述べる．

図 4.21 は，$FeCl_3$ あるいは $Cu(NO_3)_2$ 水溶液によって表面が定量的に汚染されたシリコン基板を酸化（950 ℃/30 分）した後の Fe（a）と Cu（b）のシリコン基板深さ方向の濃度分布を示すものである．

Fe はいずれの初期表面汚染濃度の場合も，酸化後かなりの量（$10^{18}$～$10^{19}$ 原子 /$cm^3$）が酸化膜中に存在している．このような Fe の熱酸化による再分布の挙動は，Fe 汚染除去のために**犠牲酸化**が有効であることを示すものである．一方，Cu は $SiO_2/Si$ 界面での捕獲も若干観察されるが，大半は酸化膜中に留まることなくシリコン基板中に拡散する．しかし，初期表面汚染が一定濃度以上（$\gtrsim 10^{13}$ 原子/$cm^2$）の場合は，図 4.21(b) に示すように界面近傍のシリコン基板内に Cu 高濃度層を形成する．酸化膜中に留まらない Cu のような不純物汚染に対しては，犠牲酸化は有効ではない．

図 4.21 に示すのはいずれも人為的な高濃度表面汚染の場合の結果であって，通常のプロセスにおいては，Fe はすべて酸化膜中に留まり，Cu はシリコン基

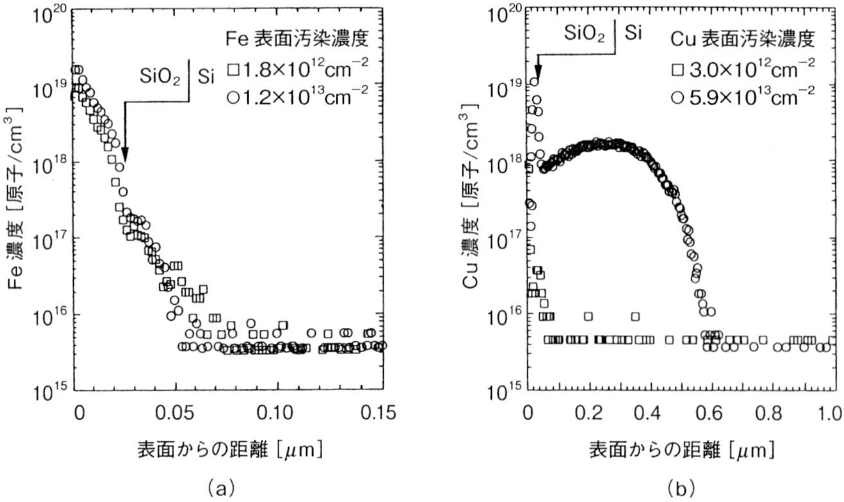


**図 4.21**　表面汚染金属不純物の酸化による再分布．(a) Fe，(b) Cu (L.Zhong and F.Shimura, *Appl. Phys. Lett.*, **61** (1992) 1078 より，一部改変)

板中に拡散し均一に分布すると考えてよいだろう．Al は Fe と同様の挙動を示すことが知られている．

### ■シリコン窒化膜の成長

前述のように，シリコン窒化膜はシリコン酸化膜と比べ数々の優れた特性を持っている（図 4.15 参照）．

シリコン窒化膜は，化学量論的には $Si_3N_4$ の組成を持つが，実際に得られる組成は生成法（CVD 法または熱窒化法）および生成条件に強く依存する．一般的には化学量論比からずれた Si 過剰の組成になりやすい．このため，シリコン窒化膜は一般的に“SiN 膜”と記されることが多い．

SiN 膜のシリコン基板上への生成プロセスは，CVD 法による堆積と Si の直接熱窒化法による成長に大別できる．CVD 法では，SiN がシリコン基板上に堆積するのであるから，SiN/Si 界面はシリコン基板の表面となる．したがって，種々の界面特性はシリコン基板の表面状態に著しく依存する．

シリコン基板を窒素雰囲気中で高温（≧1100℃）で熱すれば，シリコン熱酸化膜と同様に，熱窒化SiN膜が得られる．この場合，SiN/Si界面は熱酸化膜の場合と同様に，シリコン結晶内部であり，優れた界面特性が期待される．したがって，熱窒化膜は主としてゲート絶縁膜（図4.14参照）に応用される．以下，熱窒化膜について述べる．

シリコン（Si）は高温（1100～1300℃）で窒素含有ガスと反応し安定相SiNとなる．一般にシリコンの熱窒化に用いられる反応ガスは$N_2$あるいは$NH_3$で，それぞれの理想的な化学反応は

$$3Si+2N_2 \rightarrow Si_3N_4 \tag{4.19}$$

$$3Si+4NH_3 \rightarrow Si_3N_4+6H_2 \tag{4.20}$$

で表わされる．

シリコンの窒化も酸化の場合と同様に，窒化種が生成されたSiN膜中を拡散し，SiN/Si界面でSiと反応することによって進行する．前述のように，SiN膜は$SiO_2$膜と比べると構造が緻密であるから，窒化種のSiN膜中の拡散は酸化種の$SiO_2$膜中の拡散と比べるとはるかに小さく，シリコンの熱窒化は熱酸化と比べると著しく遅い反応である．このことは，非常に薄いSiN膜の制御が可能であることを意味することにもなる．

シリコンの熱窒化のプロセスも基本的には熱酸化の場合と同様に扱うことができる．つまり，式（4.12）～（4.17）および図4.19が適用でき，窒化の初期段階では反応律速になり，窒化が進むと拡散律速になる．しかし，前述のように，窒化種のSiN膜中の拡散が著しく遅いので，シリコン熱窒化プロセスでは，拡散律速が支配的である．

**■シリコン酸化膜の熱窒化**

シリコン酸化膜を熱窒化して得られる非晶質のシリコン窒化酸化膜はMISFETデバイスの有力なゲート誘電体材料などとして期待されている．$SiO_2$は窒素中で加熱しても，窒化反応のギブス自由エネルギーが大きいため，$SiO_2$の窒化は起こらない．しかし，$NH_3$ガス中では自由エネルギーがおよそ10分の1ほどになり，一般的に

$$2SiO_2+xNH_3 \rightarrow Si_2N_xO_{4-1.5x}+1.5xH_2O \tag{4.21}$$

で表わされる窒化反応が起こる．ここで$0 \leq x \leq 2$で，組成はプロセス条件に依

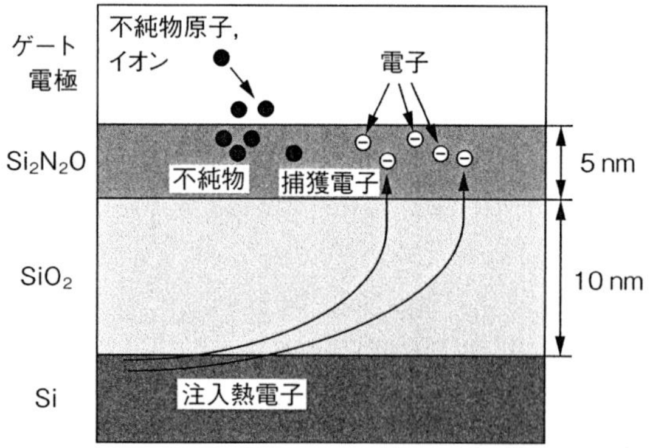


図 4.22　理想的な MISFET 構造の模式図（R.Koba and R.E. Tressler, *J. Electrochem. Soc.*, **135**（1988）144 より，一部改変）

存するが，

$$2SiO_2+2NH_3 \rightarrow Si_2N_2O+3H_2O \tag{4.22}$$

の反応が優先することが知られている．

このようなシリコン酸化膜の熱窒化により，図 4.22 に模式的に示すような $SiO_2/Si$ の優れた界面特性と $Si_2N_2O$ の緻密構造，高誘電率の長所を融合した理想的な MISFET 構造が実現できる．

$Si_2N_2O$ の緻密構造は外部あるいはゲート電極からの不純物の拡散を阻止する．また，$Si_2N_2O$ の高い電子捕獲能力はリーク電流の原因となる電極から基板に流れる電子や注入熱電子の捕獲に寄与し，絶縁耐圧特性を高める．CVD 窒化膜の $SiO_2$ 上への堆積の場合と異なり，熱窒化 $Si_2N_2O$ と $SiO_2$ との間には明確な境界はないので界面特有の欠陥や電荷は無視できる．

## 4.3　結晶成長

### ■表面上の結晶成長

本節が扱うのは“薄膜結晶”であるが，結晶の結果的な形状が膜状であれ，粒状であれ，塊状であれ，結晶成長の“現場”は表面あるいは界面である．つまり，結晶成長という現象は，表面/界面の“動的挙動”の典型例ということもできるだろう．

“結晶成長”は，厳密にいえば

i） 結晶の核形成

ii） 結晶の成長

の 2 段階に分けて考えることができる．

一般に結晶成長は系全体において同時に，瞬間的に起こるのではなく，いくつかの局所的な“中心”から結晶化が起こり，液相，気相または固相と結晶との界面が有限の速度で進むことにより結晶成長が行なわれるのである．局所的な結晶化の“中心”が形成されることが**結晶の核形成**であり，形成された核から界面が進行する過程が**結晶の成長**である．そして，一般的には，この i）と ii）の両方を含めて**結晶成長**と呼ばれる．

いま，ここでは，結晶表面上の結晶成長を考える．

結晶表面を微視的に見ると，図 4.23 に模式的に示すように，平坦なテラス

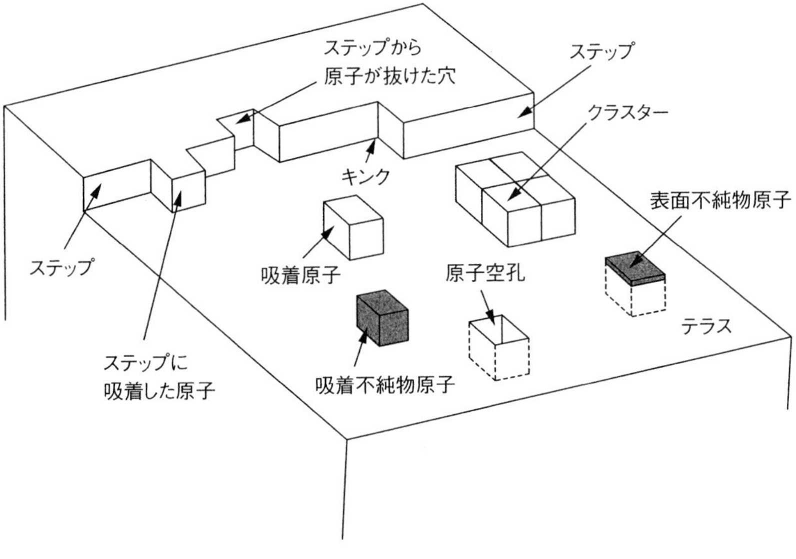


**図 4.23** 結晶表面の微視的構造モデル（コッセル結晶面）

と原子レベルのさまざまな凹凸が存在するし，不純物原子も付着している．ちなみに，図 4.23 のような，単位の原子をある大きさの立方体として，それらを積み重ねて構成した単純な結晶模型を**コッセル**（**Kossel**）**結晶**と呼ぶ．

これらの原子レベルの凹凸や表面不純物原子は一般に，有力な核形成の場を提供し，原子が集合しやすい場所である．特に，6 面立方体の模擬原子に対し 3 面の付着面（結合手）を提供することになるキンクは，付着原子が表面上で最も安定して存在し得る場所で，結晶成長の過程で重要な役割を果たす．

表面における結晶成長は，基本的に図 4.24 に示す 3 過程を経て進行する．つまり，

（ i ） 液相あるいは気相から原子（分子）が表面に吸着する．

（ ii ） 吸着した原子（分子）は表面拡散し，選択的にキンク部に凝縮する．

（iii） 凝縮した原子（分子）はキンク部で放熱し，過飽和状態になって固化し，表面結晶層に取り込まれる（結晶化）．

このような（ i ）～（iii）の過程が繰り返されてステップが前進し，結晶成長が進行するのである．このような様式の結晶成長を**沿面成長**と呼ぶことがある．現実的には，表面上の複数の点を起点とする，このような沿面成長が表面上で同時進行することになるであろう．

ステップの成長が完結して結晶面全体が新たに成長した層で覆われると表面

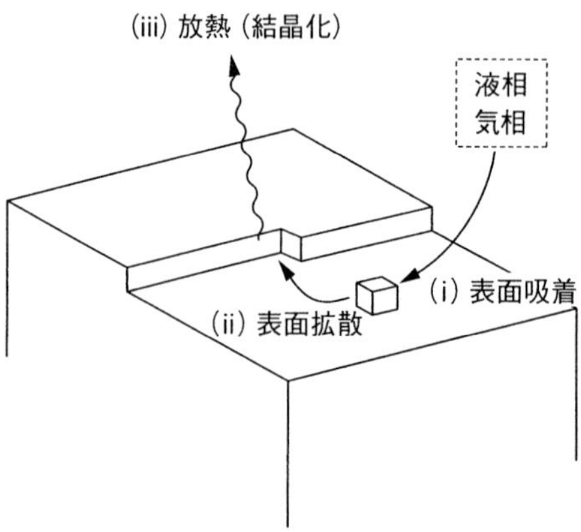


**図 4.24**　結晶成長に関わる 3 過程

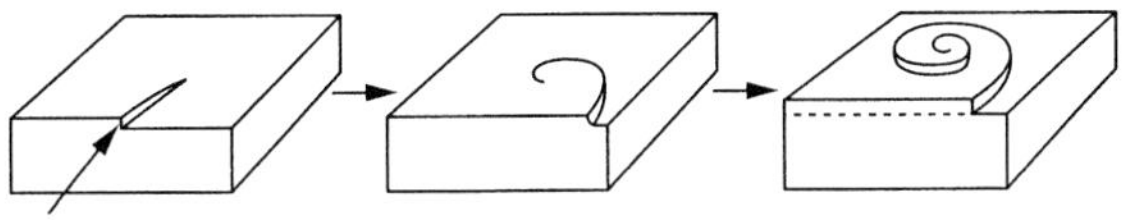


**図 4.25**　らせん転位機構による結晶成長

は“平坦”になり，もはやステップやキンクは存在しなくなるので，再び沿面成長が生じるためには，“平坦”表面に新たな核が形成されなければならない．現実的には，表面に不可避的に導入されるさまざまな“欠陥”（図 4.23 のテラスの“平坦性”を壊しているものはすべて“欠陥”といえる）が有効な核としての役割を果たすが，もし，表面が“完全”であるとすれば，1 原子（分子）層の成長が終るたびに，有効な核が形成されるまでの間，結晶成長が抑制されることになる．

ところが，完全性が高い平坦な表面でも図 4.25 に示すように，**らせん転位**のステップ（1 原子層）が表面に顔を出している場合は，結晶成長によってステップが前進しても，らせん転位のステップは消滅することなく常に存在するので，結晶はらせん階段状に成長し続けることになる．これを**らせん転位結晶成長機構**と呼ぶ．

■**薄膜結晶成長法**

基板上に薄膜結晶を成長させるには**蒸着法**，**スパッタリング法**などの**物理的気相成長法**（physical vapor deposition；PVD），**化学的気相成長法**（chemical vapor deposition；CVD）などがある．成長する薄膜の性質は基板に使用する物質（組成，単結晶/多結晶，非晶質など）や成長条件（温度，圧力，原料など）に依存する．基板上に成長した薄膜が多結晶あるいは非晶質で，それを単結晶化する場合には，成長後，さまざまな方法（高温熱処理など）で単結晶化処理が行なわれる．

**蒸着法**は，真空中に置いた固体（目的とする薄膜の原料）を高温に加熱して発生させた蒸気を十分低い温度の基板上で，基本的には図 4.24 に示した 3 過程を経て薄膜を形成するものである．蒸気を発生するための加熱法にはいろいろあり，高融点物質を蒸発させる場合には電子ビームやレーザービームも使われる．

高いエネルギーの粒子を固体に衝突させると固体の原子の運動が活発になって表面から飛び出す現象を**スパッタリング**と呼ぶが，この現象を用いて基板上に薄膜を堆積させるのが**スパッタリング法**である．多くのスパッタリング法では，主にArイオンを衝突させるので，**イオンビームスパッタリング法**とも称せられる．

蒸着法やスパッタリング法は，後述する化学的気相成長法（CVD）と対比させて物理的気相成長法（PVD）と呼ばれる．一般に，PVDで基板表面上に単結晶薄膜が成長することはない．

PVDと対比されるCVDは，原料元素を輸送しやすい高蒸気圧のガス状化合物として基板表面上に供給し，熱分解，光化学反応，あるいはプラズマ反応などにより，その化合物を分解させて薄膜成長させる方法である．CVDは，半導体，金属化合物，酸化物，窒化物など多くの物質の薄膜成長に用いられている．後述する**エピタキシー**と共に，工業的，表面科学的見地から極めて重要な薄膜成長法である．

なお，PVDは，蒸発物質（薄膜の原料）が飛来中あるいは基板表面上で化学的に変化することなく，基板上に，物理的に堆積することによる名称ではあるが，堆積する原子や分子が化学的に全く変化しないということはあり得ず，厳密にCVDと区別することは難しい．

**■エピタキシー**

**エピタキシー**（epitaxy）の語源はギリシャ語の<u>epi</u>（～の上に）と<u>taxis</u>（配列，整列）で，“エピタキシー”は「ある結晶質基板の上に単位格子が2次元的に整合するように結晶質薄膜が成長するプロセス」と定義される．基板上に成長する薄膜が基板と同じ物質の場合（例えば，Si/Si, GaAs/GaAs），そのプロセスは**ホモエピタキシー**（homoepitaxy）と呼ばれる．一方，成長する薄膜が基板の物質と異なる場合（例えば，GaAs/Si, Ge/Si, SiC/Si）は**ヘテロエピタキシー**（heteroepitaxy）と呼ばれる．

また，実用上，エピタキシーは，供給される原料物質の状態によって，**気相エピタキシー**（<u>v</u>apor <u>p</u>hase <u>e</u>pitaxy；VPE），**液相エピタキシー**（<u>l</u>iquid <u>p</u>hase epitaxy；LPE)，および**分子線エピタキシー**（molecular beam epitaxy；MBE）に分類される．

なお，以後本書では“エピタキシー（epitaxy)”の形容詞として“エピタキシャル（epitaxial)”を用い，場合によっては“エピ”と略すことにする．

今日の半導体エレクトロニクスの驚異的発展の基盤となっている技術は多種多様であるが，その一つは間違いなく半導体，特にシリコン薄膜単結晶のエピ成長技術である．

シリコンエピ技術はまず高性能バイポーラートランジスターに応用され，続いてバイポーラーICに応用されて発展した．エピ成長によって，基板上に任意の膜厚，抵抗率の単結晶層を形成できるので（このような表面にエピ層を持つ基板を2.2節で**エピウエーハ**と呼んだ)，高性能デバイスの製造が可能になったのである．

詳細については巻末に掲げる参考図書2-1, 4-2などを参照していただきたいが，エピ成長技術は半導体デバイス技術の発展に伴ない不可欠となり，その重要性が増している．半導体デバイス製造の観点から，エピウエーハの構造，応用例，そして，その効果は表2.2にまとめたとおりである．

エピタキシーの最大の特徴は結晶学的完全性が高い，さまざまな組成の物質の薄膜単結晶が得られることであるが，さらに，結晶成長をその物質の融点よりかなり低い温度で行なえることである．

シリコンをはじめとする半導体のエピ成長には，成長層の結晶性，量産性，装置の簡単さ，種々のデバイス構造形成の容易さ，などの点から，主としてVPE法が用いられている．さらに近年，その応用面の特異性と数々の長所から，MBE法も広く実用化されている．このような事情から，以下，本節ではVPEとMBEについて述べることにする．また，ヘテロエピタキシーについては別項で扱う．

**■気相エピタキシー**

気相エピタキシー（VPE）は各種の半導体材料の薄膜結晶成長に用いられているが，ここでは代表的な半導体材料であるシリコン（Si）とガリウム砒素（GaAs）について述べる．

シリコンのVPE成長は，Siを含んだ原料ガス（$SiCl_4$, $SiH_4$など）をキャリ

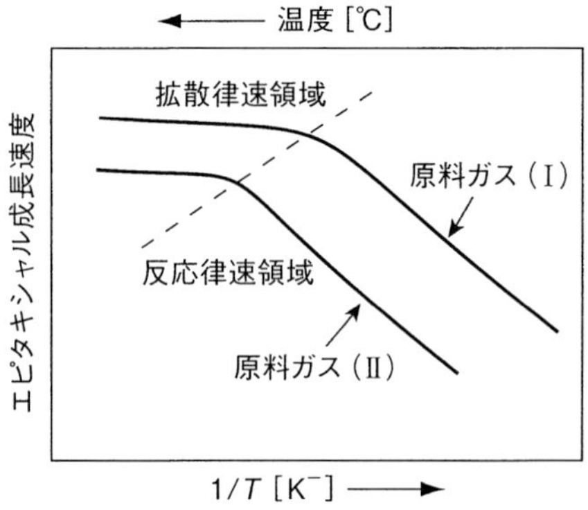


**図 4.26** 定性的エピタキシャル成長速度の温度，原料ガス依存性

アガス（通常 $H_2$）と共に反応炉内に導入し，高温（≥1000℃）に熱せられたシリコン基板上に原料ガスの熱分解または還元によって生成された Si を析出させて行なわれる．それらの結果的な化学反応式は，例えば

$$SiCl_4 + 2H_2 \rightarrow Si + 4HCl \tag{4.23}$$

$$SiH_4 \rightarrow Si + 2H_2 \tag{4.24}$$

などである．

シリコンの VPE 成長速度は，反応種（原料ガス），濃度（対キャリア水素ガス比），温度，圧力に依存する．定性的エピ成長速度の温度，原料ガス依存性を図 4.26 に示す．原料ガス（I），（II）は異なる反応種と考えても，同反応種の異なる濃度と考えてもよい．成長速度は定性的に，**反応律速**と**拡散律速**の 2 領域に分けられる（図 4.18 参照）．

化合物半導体 GaAs の場合は，元素半導体 Si と異なり，2 成分系なので，扱いが若干厄介である．一般に，Ga 源としては金属 Ga，As 源としては $AsCl_3$（三塩化砒素）を，またキャリアガスとしては $H_2$ を用いる．

原理的には，Ga を高温にして蒸発させ，$AsCl_3$, $H_2$ と反応させ，Ga 源に比べ低温に維持された基板上に，合成された GaAs を堆積させるのであるが，実際の反応炉内では，$Ga-AsCl_3-H_2$ の 3 成分系で複雑な化学反応が起こっている．

$SiH_4$ の熱分解によって Si が得られるのと同じ原理で, GaAs を熱分解によって成長させる方法も考えられている. しかし, GaAs のような化合物の場合は, 構成元素それぞれの化合物が原料として用意され, 両方の化合物を熱分解させ, さらに化学反応によって新たな化合物を合成するステップが必要である.

つまり, 目的とする 2 元の化合物半導体が AB と表わされるとすると, 原料として AM, BN と表わされる化合物 (一般に**有機金属**と呼ばれる) が用意され,

$$\left.\begin{array}{c} AM \to A+M \\ BN \to B+N \\ A+B \to AB \end{array}\right\} \tag{4.25}$$

という化学反応で目的とする化合物半導体 AB を得るのである.

このようなステップを経て単結晶薄膜を成長させる方法は**有機金属 CVD** (metallorganic CVD ; MOCVD) と呼ばれている.

GaAs の場合, Ga の原料として $(CH_3)_3Ga$ (トリメチルガリウム), $(C_2H_5)_3Ga$ (トリエチルガリウム) などが, As の原料として $AsH_3$ (アルシン) が用いられる.

また, 近年, フラット・パネル・ディスプレイ (FPD) の発展に伴ない, 透明導電膜 (透明電極) に用いられる Sn 添加 $In_2O_3$ (通称 ITO ; indium-tin-oxide) や ZnO 系の酸化物薄膜エピ成長にも MOCVD 法が用いられ, その用途は "酸化物エレクトロニクス" の分野にまで広がっている.

VPE では, いずれの場合も, 膜質の良否は基板表面の状態に決定的に左右される. つまり, 基板表面の処理が決定的に重要である. そのため, 一般に, VPE 反応炉の中で, 基板表面の "その場 (*in situ*)" 気相エッチング処理などによる表面処理が行なわれる.

### ■分子線エピタキシー

分子線エピタキシー (MBE) は, 超高真空 ($10^{-8}$〜$10^{-11}$ Torr) 中で行なわれる真空蒸着の一種である. 一般に, 液体または固体を加熱し, それらを構成する分子に十分な熱エネルギーを与えると分子は気体となってそれらの表面を離れる. 液体からの離脱が**蒸発**であり, 固体からの離脱が**昇華**である. 高真空中では分子同士が衝突する確率が小さく, ある方向に放出された分子線はその方向を変えることなくほぼ直進する. MBE は, この原理を利用した薄膜結

晶成長法である.

一般的なCVDの場合と同様，基板に到達した分子はある条件下で物理吸着と化学吸着を経てエピ成長する．MBEの場合，反応種の熱分解，化学反応，拡散のプロセスを必要としないので，低温（600～900℃）でエピ成長が可能なことが特徴である.

MBEの特徴は，いま述べた（1）低温エピ成長が可能，のほかに，（2）ドーパント分布の制御性が極めて高い，（3）結晶成長制御が1原子層オーダーで可能，（4）多成分混晶の成長が容易，（5）急峻な濃度勾配とヘテロエピを容易に達成，(6)種々の評価装置を組み込み，エピ成長の“その場”観察，評価が可能，などである．これらの特徴は，化合物半導体エピ成長，特に**超格子**の形成などに適したものである．また，元素半導体であるシリコンをMBE成長させる最大のメリットは主として上記の(1)と(3)であり，(6)により種々の興味ある知見が得られることである.

MBEにおいてエピ層は2次元成長する．それゆえ，MBEでは原子層あるいは分子層オーダーの膜厚制御が可能なのである.

しかし反面，MBEによる結晶成長速度は，一般に，かなり小さい．それは，結晶成長が超高真空を維持しながら行なわれるため，結晶を構成する分子の供給をあまり多くできないからである．また，基板表面に到達した分子のかなりの部分が結晶中に取り込まれないためでもある．MBEの結晶成長速度が小さいことは，工業的実用上不利ではあるが，上記特徴(2)，(3)，(5)，(6)は，その小さな結晶成長速度によって得られるのでもあり，これらのMBEの特徴を活かした応用を考えるべきである.

現在，量子井戸型半導体レーザーや高速電子移動度トランジスター（high electron mobility transistor；HEMT）などの新構造，新機能デバイスへの応用として，GaAs-AlAs系のMBEが活躍している.

この系の特徴は，全率固溶し，$0 \leq x \leq 1$の任意の組成の$Ga_{1-x}Al_xAs$の結晶成長が可能なことと，GaAs/AlAsの格子不整が0.1%以下のため，良好なヘテロ成長が可能なことである.

また，最近は，紫外パルスレーザーを利用したレーザーMBE法が登場し，誘電性や磁気特性を人工的に設計，構築する酸化物人工格子の興味も高まっている．特に“酸化物エレクトロニクス”と呼ばれる分野では，バンドギャップエンジニアリング，極性・非極性制御，あるいはヘテロ界面利用などの物性研究が盛んである．

シリコンのエピ成長技術としては，すでに，VPE 法が工業的に確立しているが，上記の特徴を生かした Si-MBE はシリコン系ヘテロエピ（次項参照）あるいは超格子構造形成のための重要技術となっている．

**■ヘテロエピタキシー**

すでに述べたように，単結晶基板上に，それと異なる物質の単結晶を形成するのが**ヘテロエピタキシー**である．半導体レーザーや多くの混晶薄膜を必要とする分野では，ヘテロエピタキシーは不可欠な技術であるが，ヘテロエピタキシーを利用することにより，技術，応用の飛躍的改善が期待される分野も少なくない．

薄膜結晶成長技術そのものは，ヘテロエピタキシーの場合もホモエピタキシーの場合と同様であるが，薄膜結晶をエピタキシャル層として，一般的には格子定数が異なり，必然的に格子不整が発生する異物質の基板上に堆積させて行くにはさまざまな工夫が必要となる．エピ成長させる物質に対し最適基板物質，結晶面方位の選択，基板表面の前処理，エピタキシー技術，成長条件の選択などである．特に「エピ物質/基板物質」の組合せの選択で重要なのは，格

**表 4.1** ヘテロ接合形成に比較的適した半導体の組合せ

| 半導体の組合せ | 格子定数 [Å] | 300K における熱膨張係数 [$\times 10^{-6}$/℃] |
|---|---|---|
| GaAs-Ge | 5.654-5.658 | 5.8-5.7 |
| ZnSe-Ge | 5.667-5.658 | 7.0-5.7 |
| ZnSe-GaAs | 5.667-5.654 | 7.0-5.8 |
| AlAs-GaAs | 5.661-5.654 | 5.2-5.8 |
| GaP-Si | 5.451-5.431 | 5.3-2.33 |
| GaSb-GaSb | 6.136-6.095 | 3.7-6.9 |
| GaSb-InAs | 6.095-6.058 | 6.9-4.5 (5.3) |
| ZnTe-GaSb | 6.103-6.095 | 8.2-6.9 |
| ZnTe-InAs | 6.103-6.058 | 8.2-4.5 (5.3) |
| ZnTe-AlSb | 6.103-6.136 | 8.2-3.7 |

（河東田隆『半導体エピタキシー技術』産業図書より）

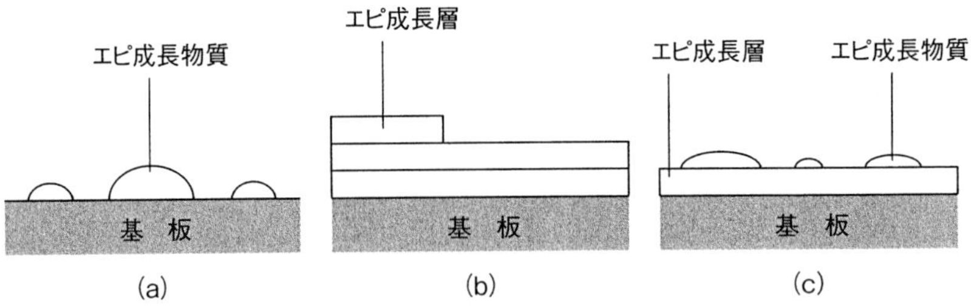


**図 4.27**　ヘテロエピ成長の3様式

子定数，熱膨張係数が一致しているか，それらの差が極めて小さいことである．例えば，表4.1に，これらの2条件を比較的よく満足する半導体の組合せを示す．

ヘテロエピ成長においては，成長物質と基板物質との組合せで，一般に，図4.27に示されるような特徴的な3様式が見られる．

成長物質の表面張力が基板物質との吸着力よりも大きい場合，つまり基板との“なじみ”が悪い場合は，(a)に示すように，成長の初期から島状の3次元的成長となる．この場合，成長が進行するに従い，島と島との間は埋められて行くが成長表面が原子（分子）オーダーで平坦になることはない．

成長物質と基板との“なじみ”がよく，成長物質の表面張力が大きくない場合は(b)に示すように，成長は1層ごとに進み，エピ成長としては理想的な“層成長”する．特に，前述の分子線エピタキシー（MBE）では，このような層成長をすることが必須条件である．

(c)に示すのは，基板上の第1層は2次元的に層成長するが，2層目以降は(a)のような3次元的島成長する場合である．

半導体ヘテロエピタキシーの具体例やミスフィット転位の利用などについては，すでに2.2節で説明した．もう一度，表2.2，図2.20～2.22を見直していただきたい．

### ■酸化物ヘテロエピタキシー

従来，ヘテロエピタキシーは，SiやⅢ-VあるいはⅡ-Ⅵ化合物半導体などの“伝統的”半導体材料の分野で活躍して来たが，近年，レーザーMBE法な

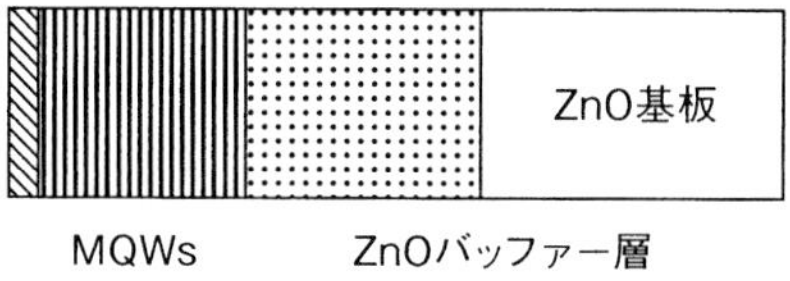


図 4.28 ZnO 基板上のヘテロエピ構造（松井裕章，田畑仁，応用物理，**75** (2006) 1211 より，一部改変）

どのヘテロエピタキシーの発展に伴ない，酸化物人工格子の形成にも応用され，“酸化物エレクトロニクス”の分野を拡げている．

例えば，$LaAlO_3$（ヘテロエピ層）/$SrTiO_3$（基板）や $SrRuO_3$/$SrTiO_3$ などのヘテロ構造を有した新規なデバイスの開発が進められている．また，最近，図 4.28 に示すような，ワイドギャップ半導体である酸化亜鉛（ZnO）基板上に多重量子井戸（multi-quantum wells：MQWs）を形成した新機能素子の研究なども活発になっている．図 4.28 に示す例では，原子レベルで平坦な ZnO 基板表面上に高品質な ZnO バッファー層を形成後，レーザー MBE 法により，$Mg_xZn_{1-x}O$/ZnO を 10 周期繰り返して成長させ，MQWs を形成している．基板の ZnO はワイドギャップ半導体である上に，光学・電気・磁気的特性においても多彩な魅力的な性質を有しているので，今後，この分野の研究の成果が期待されている．実際のデバイス実現においては，ヘテロエピタキシー技術の確立と共にヘテロ界面における光・電子機能の解明が鍵になる．

いずれにせよ，新機能を有するエレクトロニクスデバイスを生み出すであろう“酸化物エレクトロニクス”の分野において，ヘテロエピタキシーは不可欠の技術である．

## チョット休憩● 4
### “おいしい水”の作り方

山間の湧水，全国の“名水”と呼ばれる水，あるいは市販されているミネラル・ウォーターと比べれば，確かに，水道水はおいしくない．また，同じ水道水でも，田舎の水道水よりも都会の水道水はおいしくない．

水道水をまずく思わせる最大の理由は，殺菌消毒のために多量に投入される塩素，カビ，鉄気などによる“臭い”である．特に，塩素に起因する「カルキ臭」が元凶である．実は，水道水は蛇口から出た後も殺菌効果を保持するために，0.1mg/$l$以上の塩素が残留していることが水道法で義務づけられているので，水道水をそのまま飲む限り，われわれはその塩素を飲まされることになるのである．つまり，カルキ臭い水を飲まされるのは不可避なのだ．

したがって，水道水をおいしくするためには，まず，この塩素，そしてカルキ臭を取り除かなければならない．幸いなことに，水を５分間ほど沸騰させたり，直射日光に当てたりすることなどによって塩素は取り除かれる．しかし，カビや鉄気や，その他の浮遊物を取り除くには，ほかの方法が必要である．

ここで大活躍するのが，本章で述べた“吸着”という現象を利用する“濾過”である．

例えば，下図①は，“昔の人”の智慧の結晶である“濾過樽”の断面を示すが，このような濾過樽で濾された水は，湧水のような，清浄化された，おいしい水になるだろう．樽の中の，さまざまな物質の多層が水中のさまざまな浮遊物を吸着してくれるのである．

現実的に，下図①のような，本格的な濾過樽を一般家庭で用意するのは困難であるが，例えば，下図②に示すような，使用済のペットボトルの底を切り落として逆さにし，その中にガーゼで包んだ活性炭（脱臭剤として市販されている）を入れた“簡易濾過器”によっても，かなりおいしい浄水が得られる．

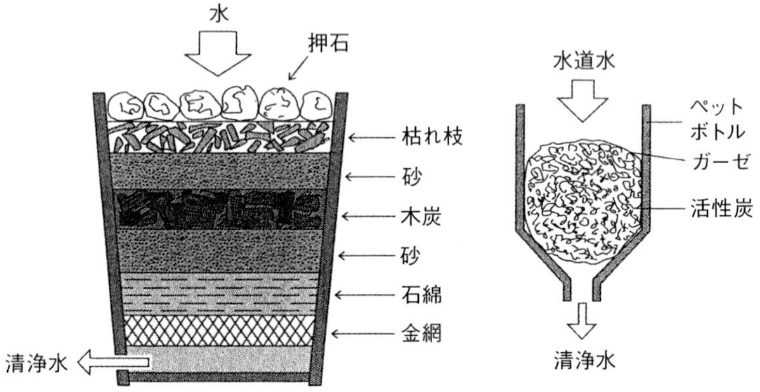


① 濾過樽　　② 簡易濾過器

（志村史夫『「水」をかじる』筑摩書房より）

## ■演習問題

**4.1** 分散力について説明せよ.

**4.2** 物理吸着力が表面から遠去かるにつれて徐々にゼロに近づく理由を説明せよ.

**4.3** 物理吸着の特徴を2つ列挙せよ.

**4.4** 吸着質（原子，分子）の表面への衝突階数 $f$ は温度とどのような関係があるか.

**4.5** 化学吸着が基本的には単分子層吸着である理由を説明せよ.

**4.6** 界面活性剤の基本構造を略図で描け.

**4.7** 水と油はなぜ混ざり合わないのか，説明せよ.

**4.8** コロイドとはどのような状態か，説明せよ.

**4.9** 液晶が形成される過程を説明せよ.

**4.10** 図4.16に示した“$0.45\,X_0$”を計算で求めよ.

**4.11** シリコン酸化膜，窒化膜成長の「2乗則」と「直線則」を説明せよ.

**4.12** 犠牲酸化について説明せよ．また，その応用について述べよ.

**4.13** 半導体および酸化物エレクトロニクスの分野におけるヘテロエピタキシーの応用(実用）例を調べよ.

# 演習問題の解答

## ■第1章

**1.1**　省略（読者各自にお任せする）.

**1.2**　四面体. 一般的には図①のような正四面体. ダイヤモンド, シリコンなど多くの結晶や非晶質シリカ（$SiO_2$）などの物質の基本単位構造でもある. 護岸に用いられるテトラポッドの基本形も同じである.

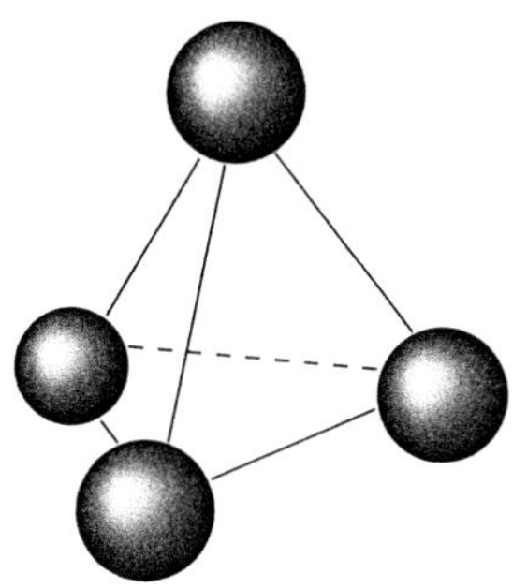

図①　究極のマイクロクラスターの立体構造

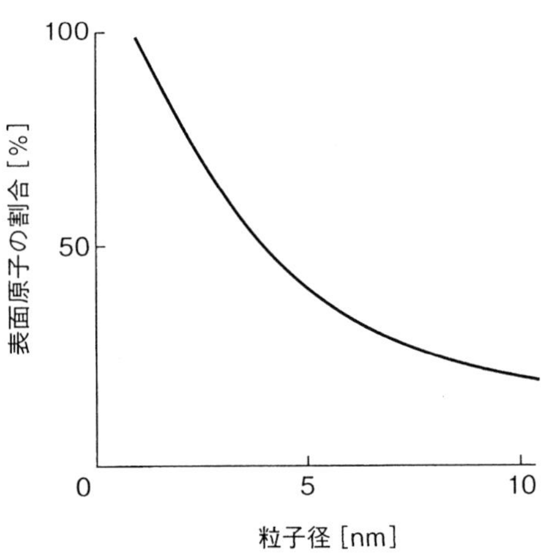


図②　粒子径と表面原子の割合との関係

**1.3** 図②参照. 粒子径の減少に伴ない, 表面原子の割合が急激に増大する様子が実感できるだろう.

**1.4** 「半導体」や「トランジスター」の入門書, 解説書などで調べていただきたい. 簡単にいえば, 電界効果によるトランジスター動作を実現するためには, 清浄かつ結晶学的完全性の高い半導体表面・界面を実現することが必須であるが, そのような表面・界面の作製技術と表面・界面の理論的理解が不十分だったのである.

## ■第2章

**2.1** ダイヤモンド構造の基本単位は図③に示す正四面体（テトラ）構造である（図1.11 (c) 参照）. この図の中心の原子が理想表面に現われる原子とすれば, {100} 面, {110} 面では, 原子1個当たりのダングリング・ボンドの数はそれぞれ2個, 1個になることがわかるだろう. 問題は {111} 面の場合である. 通常の表面は $\{111\}_A$ 面に見られるように, ダングリング・ボンドは原子1個当たり1個である. しかし, “可能性” としては $\{111\}_B$ に示されるように, 原子1個当たりダングリング・ボンドが3個ということもあり得るのであるが, 現実的には $\{111\}_B$ が $\{111\}_A$ に優先することはない.

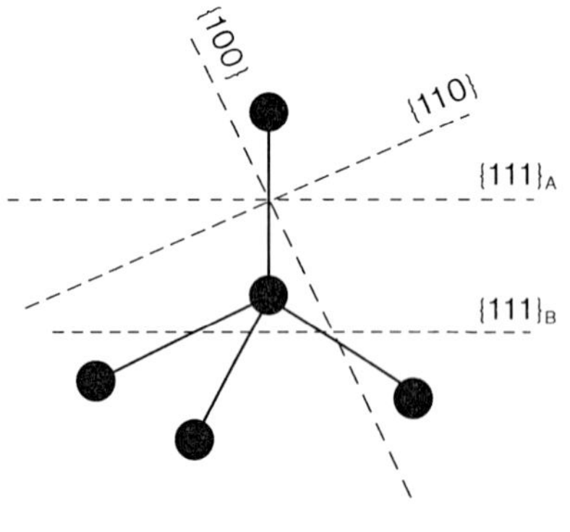


**図③** 結晶面方位による表面ダングリング・ボンドの数の違い

**2.2** 直接的な原因はダングリング・ボンド（未結合手）の存在であり, このままでは表面エネルギーが大きい（活性度が高い）ため, 表面の “安定化” を求めるのである.

**2.3** 表面緩和, 表面再構成が起こり, 表面エネルギー, 表面活性度の低下を実現する.

**2.4** 本文に挙げた図1.10のSi/人工超格子薄膜, 図2.21のSi/SiGe/Siは半導体ヘテロ結合の例である. また, オプト（光）エレクトロニクスの分野では化合物半導体のヘテロ結合が多用されているが，典型例は GaAs 系半導体レーザーの構造に見られる．図④の (a) は GaAs の単純なホモ pn 接合，(b) は単一（シングル）ヘテロ接合，(c) は二重（ダブル）ヘテロ接合である．二重ヘテロ接合の発明は，半導体レーザーの光通信をはじめとする広範な分野への応用を可能にした画期的なものである．

これらのほかにも，半導体ヘテロ接合の応用例は多々ある．自分で是非調べていただきたい．

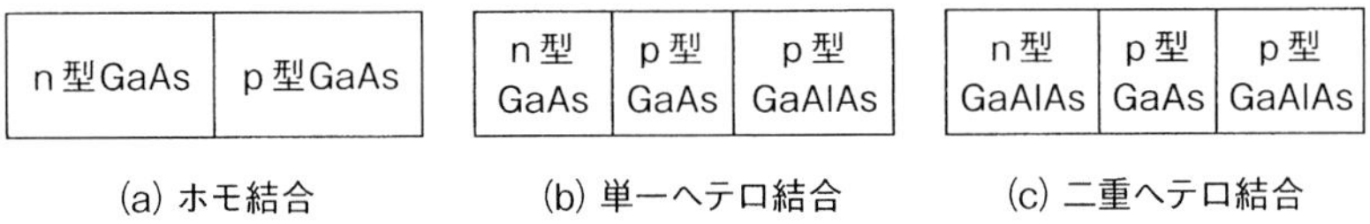


図④ GaAs 系半導体レーザーの構造

## ■第 3 章

**3.1** 仕事関数 $\phi$ と電気陰性度 $\chi$ は直線（1 次関数）関係になっているので $\phi=a\chi+b$ に直線上の 2 点の値を代入して $a, b$ を求めると，およそ

$$\phi = 2.3\chi + 0.3 \quad [\mathrm{eV}]$$

の関係式が求まる．

ちなみに，正確には，一般に

$$\phi = 2.27\chi + 0.34 \quad [\mathrm{eV}]$$

という関係式が与えられている．

**3.2** 省略（本文参照）．

**3.3** 熱電子放出，2 次電子放出，電界放出などがある．これらの詳細については，巻末に掲げる参考図書 2-3 などで調べていただきたい．

**3.4** 接合部の抵抗値が電流の方向や強さによって変化しない接触が必要であるから，整流性のないオーム接触でなければならない．

**3.5** 仕事関数，電気陰性度，電子親和力の諸特性を配した材料の組合せが必要である．本文参照．

**3.6** 特に，MOS 構造のデバイス（MOS トランジスターなど）では，酸化膜の耐圧特性の劣化（ブレークダウン）などの原因になる．最近の半導体デバイスは酸化膜（一般に絶縁体膜）の薄膜化が進んでいるので，その影響は一層顕著である．界面電荷を極力少なくするための方策は，それぞれの原因を理解し，読者各自で考えていただきたい．巻末の参考図書 2-1 などが参考になるだろう．

## ■第 4 章

**4.1** 省略（本文参照）．

**4.2** 省略（本文参照）．

**4.3** (1) 低温ほど増大する.

(2) 多分子層吸着である.

**4.4** 温度を $T$ とすれば $\sqrt{T}$ に反比例する. 本文, 式 (4.7) 参照.

**4.5** 省略 (本文参照).

**4.6** 省略 (図 4.8 参照).

**4.7** 省略 (本文参照).

**4.8** 原子あるいは分子よりは大きいが, 通常の光学顕微鏡では見えないほど微細な (1～500 nm) 粒子が分散している状態. 普通のコロイドは液体を分散媒とし, これをゾルあるいはコロイド溶液と呼ぶ.

**4.9** 省略 (本文参照).

**4.10** Si と $SiO_2$ のそれぞれの密度, 分子量から, それぞれの 1 原子 (分子) 当たりの体積比を求めればよい.

$$\mathrm{Si}: \frac{28.09}{2.33} = 12.06$$

$$\mathrm{SiO_2}: \frac{60.08}{2.24} = 26.82$$

$SiO_2$ 膜全体 (26.82) のうち Si (12.06) が占める割合は

$$\frac{12.06}{26.82} \fallingdotseq 0.4497 \fallingdotseq 0.45$$

**4.11** 省略 (本文参照).

**4.12** 省略 (本文参照).

**4.13** 本文で述べたもの以外に, 各自調べていただきたい.

# 参考図書

本書は専門書ではないので，本文中，直接引用した図や写真を除いて個々の引用文献，引用書を示さなかった．しかし，本書の執筆に当たっては多くの専門書，教科書を参考にさせていただいた．特に参考にさせていただいた書籍を，自著を含み，以下に項目別，発行年順で記す．これらは，読者がさらに学習を深める意味でも大いに役立つ参考書でもある．この場を借りて，各書の著者，発行者の方々に対し，心からの感謝の気持を申し述べさせていただく．また，読者の便宜を考え，有用と思われる「分析・評価」関係の参考図書も列挙する．


**1. 総説**

1-1. 小間　篤，八木克道，塚田　捷，青野正和 (編)『表面物性工学ハンドブック』(丸善，1987)

**2. 固体構造・結晶**

2-1. 志村史夫『半導体シリコン結晶工学』(丸善，1993)

2-2. 志村史夫『〈したしむ物理工学〉したしむ固体構造論』(朝倉書店，2000)

2-3. 志村史夫『〈したしむ物理工学〉したしむ電子物性』(朝倉書店，2002)

**3. 表面科学**

3-1. 川合真紀，堂免一成『岩波講座　現代化学への入門 14　表面科学・触媒科学への展開』(岩波書店，2003)

3-2. 小間　篤，塚田　捷，八木克道，青野正和 (編著)『表面科学シリーズ 1　表面科学入門』(丸善，1994)

3-3. 岩澤康裕，小間　篤 (編)『表面科学シリーズ 6　表面の化学』(丸善，1994)

3-4. 小間　篤 (編)『表面科学シリーズ 4　表面・界面の電子状態』(丸善，1997)

**4. 薄膜技術**

4-1. 金原　粲『薄膜の基本技術』(東京大学出版会，1976)

4-2. 伊藤隆司，石川　元，中村宏昭『電子材料シリーズ　VLSI の薄膜技術』(丸善，1986)

4-3. 日本表面科学会 (編)『図解・薄膜技術』(培風館，1999)

**5. 分析・評価**

5-1. 河東田隆『半導体評価技術』(産業図書，1989)

5-2. 日本表面科学会 (編)『表面分析図鑑』(共立出版，1994)

5-3. 八木克道（編）『表面科学シリーズ 3　表面の構造解析』（丸善，1998）
5-4. 日本表面科学会（編）『表面分析技術選書　電子プローブ・マイクロアナライザー』（丸善，1998）
5-5. 日本表面科学会（編）『表面分析技術選書　X 線光電子分光法』（丸善，1998）
5-6. 青野正和（編）『表面科学シリーズ 5　表面の組成分析』（丸善，1999）
5-7. 日本表面科学会（編）『表面分析技術選書　二次イオン質量分析法』（丸善，1999）
5-8. 日本表面科学会（編）『表面分析技術選書　透過型電子顕微鏡』（丸善，1999）
5-9. 日本表面科学会（編）『表面分析技術選書　ナノテクノロジーのための表面電子回折法』（丸善，2003）
5-10. 日本表面科学会（編）『表面分析技術選書　オージェ電子分光法』（丸善，2001）
5-11. 日本表面科学会（編）『表面分析技術選書　ナノテクノロジーのための走査プローブ顕微鏡』（丸善，2002）

# 付録　薄膜・表面の分析と特性評価

近年，自然界には存在し得ないような組成，構造，物性を持つ機能性材料の開発，実用化がエレクトロニクスをはじめとする広範な先端技術分野に果した役割は極めて大きい．中でも，本書が縷々(るる)述べて来た薄膜材料は，今後，一層期待が高まる新機能性材料のエースといえるだろう．

新機能性薄膜材料開発，実用化の鍵が“薄膜生成技術”そのものであることはいうまでもない．しかし，薄膜材料の質や特性は，基板表面の質と特性に直結しており，薄膜材料の良否は基板表面の良否に依存する．したがって，産業界からの要請に応え得る薄膜を得るためには，薄膜自体の分析と評価が不可欠であることはいうまでもないが，加えて，基板表面の分析と評価も不可欠である．つまり，“薄膜技術”は“薄膜生成技術”と“薄膜，表面の分析・評価技術”の両者で成り立っているのであり，その両者は互いに相補的関係にある．

**■プローブと表面層の相互作用**

奥まった所，隔った所の細部の特性や状態を観測するために，非破壊的，遠隔的に用いる器具，物質，電磁波などを総称して**プローブ**（probe）と呼ぶ．薄膜・表面の分析・評価は，電磁波（光，X 線など），電子，イオン，中性粒子（原子，分子など），熱などをプローブとして表面に照射し，そのプローブと表面層との相互作用の結果として放出される各種の情報を検出することによって行なわれる．

図 1 に，プローブとして電磁波（光子，X 線），電子，イオンを用いた時，それぞれのプローブと表面層との相互作用の結果として表面で発生するさまざまな“副産物”を模式的に示す．これらの“副産物”を検出し，定性・定量処理することによって，表面層の分析・評価が行なわれるのである．

電磁波は，波長によって異なるが，表面層の分析・評価に一般的に用いられるプローブの中では概して，試料内部に深く侵入する．振動励起，電子励起な

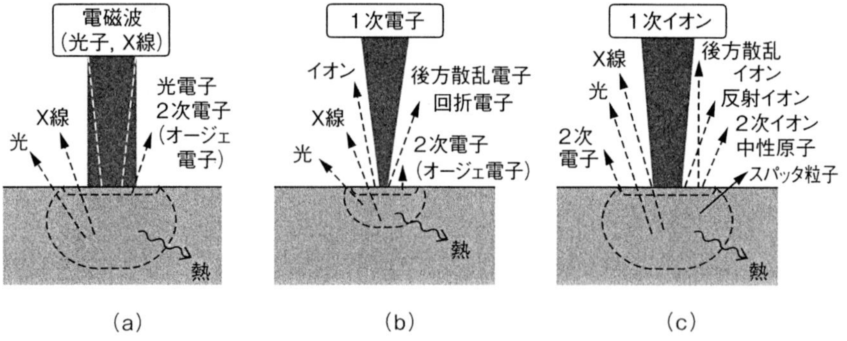


**図1** プローブ（電磁波，1次電子，1次イオン）と表面層との相互作用

どの相互作用によって光，光電子，オージェ電子，X線などを放出する．

表面に入射した電子は，一部は弾性散乱し，結晶格子によって回折し，回折電子として外に出て来る．他は，吸着分子や格子の振動励起，また表面層原子の電子の励起などの非弾性散乱の結果，光，オージェ電子，2次電子，X線などを発生する．電子線は数nmまで絞ることが可能なので，局所分析や走査によって2次電子像を得るのに適している．電子線の侵入深さは比較的浅い．

入射したイオンは表面で強く散乱されたり，中性化されたりしながら，一部は真空中に跳ね飛ばされるが，残りは表面層の原子を押し込み（ノックオン），あるいは跳ね飛ばし（スパッター）ながら内部に侵入する．その侵入の過程で内部の原子との相互作用を繰り返し，イオン（2次イオン），原子，クラスター，光，X線などを放出する．したがって，一般的に，イオン照射による試料の損傷，破壊は免れない．

## ■分析・評価法総覧

いま述べた電磁波，電子，イオンのほかにも，目的に応じたさまざまなプローブが可能であり，事実，さまざまな分析・評価法が開発，実用化されている．現在，一般的に薄膜・表面の分析・評価に用いられている方法と分析・評価対象を表1にまとめて示す．

個々の方法の原理，実験方法，応用例などについては，巻末に掲げる参考図書を参照していただきたい．

要は，目的と状況に応じて，最も適切，かつ効率のよい方法を選択することである．

蛇足ながら，筆者の経験から，大切と思われることを研究者の方々に一つ述べるとすれば，“分析・評価”は他人（他社）任せにすることなく，極力，自分自身で行なうべきである，ということである．

**表 1** 薄膜・表面の分析・評価対象と方法（◎ 評価によく使われる方法，○ 評価に有効な手法）

| 分析・評価対象／評価方法 | | | 分析評価 | | | | | | | | | | | | | | | | | | 特性評価 | | | | | | | | | | | | | | |
|---|---|---|---|---|---|---|---|---|---|---|---|---|---|---|---|---|---|---|---|---|---|---|---|---|---|---|---|---|---|---|---|---|---|---|---|
| | | | 形態 | | | | | ミクロ構造 | | | | | | | 組成 | | | | | 化学結合 | | 電気・磁気的特性 | | | | | | | 電子・正孔準位 | | | | 光学的特性 | | |
| | | | 表面形状（表面粗さ） | 膜厚 | 層構造（量子構造・周期構造） | 結晶方位／結晶配向 | 結晶粒径 | 格子定数 | 原子・分子配列 | | 構造欠陥 | 局所構造 | 粒界構造 | 界面構造 | 元素組成／混晶組成 | | 元素分析／局所組成 | | 微量不純物 | 電子状態・化学結合状態 | 価電子帯構造 | 比抵抗／電気伝導率 | キャリア濃度 | キャリア移動度 | 少数キャリア寿命 | 金属・半導体障壁 | 磁気抵抗 | 磁気光学効果 | バンドギャップ／バンド構造 | 量子準位 | 不純物・欠陥準位 | 表面・界面準位 | 光学定数 | 吸収係数／吸収スペクトル | 発光 |
| | | | | | | | | | 表面 | バルク | | | | | 表面 | バルク | 2次元分布 | 深さ方向分布 | | | | | | | | | | | | | | | | | |
| 光 | 光学顕微鏡 | OM | ◎ | ○ | | | | | | | | | | | | | | | | | | | | | | | | | | | | | | | |
| | エリプソメトリー | ELL | | ◎ | | | | | | | | | | | | | | | | | | | | | | | | | | | | | ◎ | ◎ | |
| | 光干渉 | | ◎ | ◎ | ◎ | | | | | | | | | | | | | | | | | | | | | | | | | | | | ◎ | | |
| | カソードルミネッセンス | CL | | | ◎ | | | | | | ○ | ○ | | | | ○ | | | ○ | | | | | | | | | | ○ | ○ | ○ | ○ | | | ○ |
| | フォトルミネッセンス | PL | | | ◎ | | | | | | ○ | ○ | | | | ○ | | | ◎ | | | | | | ○ | | | | ◎ | ◎ | ◎ | | | | ◎ |
| | 光反射・吸収 | | | | | | | | | | | | | | | ○ | | | | | | | ○ | | | | | ○ | ◎ | ○ | ○ | | ○ | ○ | |
| | 光伝導 | | | | | | | | | | | | | | | | | | | | | | ○ | | ◎ | | | | | | ○ | | | | |
| | ラマン散乱 | RS | | | ○ | | | | | ○ | | ○ | | | | ◎ | | | | ○ | | | ○ | | | | | | | | | | | | |
| | フーリエ変換赤外分光 | FT-IR | | | | | | | | ◎ | | ○ | | | | | | | | ○ | | | | | | | | | | | | | | | |
| X線 | X 線回折 | XRD | | | ◎ | ◎ | | ◎ | | ○ | | | | | | ◎ | | | | | | | | | | | | | | | | | | | |
| | X 線反射率 | XRR | | ◎ | ◎ | | | | | | | | | ○ | | | | | | | | | | | | | | | | | | | | | |
| | X 線散漫散乱 | XDS | | | ○ | | ○ | | | | | | | | | | | | | | | | | | | | | | | | | | | | |
| | X 線 CTR | XCTR | ○ | | | | | | | | | | | ○ | | | | | | | | | | | | | | | | | | | | | |
| | X 線吸収端微細構造解析 | XANES | | | | | | | | | | ○ | | ○ | | | | | | | | | | | | | | | | | | | | | |
| | 広域 X 線吸収微細構造解析 | EXAFS | | | | | | | | | | ◎ | | ○ | | | | | | | | | | | | | | | | | | | | | |
| | 全反射蛍光 X 線 | TXRF | | | | | | | | | | | | | | | | | ◎ | | | | | | | | | | | | | | | | |

**表 1**（続）

| 評価方法 | | 分析・評価対象 | 分析評価 | | | | | | | | | | | | | | | | | | 特性評価 | | | | | | | | | | | | | | |
|---|---|---|---|---|---|---|---|---|---|---|---|---|---|---|---|---|---|---|---|---|---|---|---|---|---|---|---|---|---|---|---|---|---|---|---|
| | | | 形態 | | | | | ミクロ構造 | | | | | | | 組成 | | | | | 化学結合 | | 電気・磁気的特性 | | | | | | | 電子・正孔準位 | | | | 光学的特性 | | |
| | | | 表面形状（表面粗さ） | 膜厚 | 層構造（量子構造・周期構造） | 結晶方位／結晶配向 | 結晶粒径 | 格子定数 | 原子・分子配列 | | 構造欠陥 | 局所構造 | 粒界構造 | 界面構造 | 元素組成／混晶組成 | | 元素分析／局所組成 | | 微量不純物 | 電子状態・化学結合状態 | 価電子帯構造 | 比抵抗／電気伝導率 | キャリア濃度 | キャリア移動度 | 少数キャリア寿命 | 金属・半導体障壁 | 磁気抵抗 | 磁気光学効果 | バンドギャップ／バンド構造 | 量子準位 | 不純物・欠陥準位 | 表面・界面準位 | 光学定数 | 吸収係数／吸収スペクトル | 発光 |
| | | | | | | | | | 表面 | バルク | | | | | 表面 | バルク | 2次元分布 | 深さ方向分布 | | | | | | | | | | | | | | | | | |
| 電子回折・散乱 | 走査電子顕微鏡 | SEM | ◎ | ◎ | | | ○ | | | | | | | ○ | | | | | | | | | | | | | | | | | | | | | |
| | 透過電子顕微鏡 | TEM | | ○ | ◎ | ○ | ◎ | ○ | | ◎ | ◎ | ◎ | ◎ | ◎ | | ○ | | | | | | | | | | | | | | | | | | | |
| | 透過電子回折 | TED | | | ○ | ◎ | | ○ | | ○ | | | | | | | | | | | | | | | | | | | | | | | | | |
| | 走査透過電子顕微鏡 | STEM | ○ | ○ | | | ○ | ○ | | ○ | ○ | ○ | ◎ | ○ | | | ○ | | | | | | | | | | | | | | | | | | |
| | 反射電子顕微鏡 | REM | | | | | | | ◎ | | | | | | | | | | | | | | | | | | | | | | | | | | |
| | 反射高速電子回折法 | RHEED | | | | | | ○ | ○ | | | | | | | | | | | | | | | | | | | | | | | | | | |
| | 低速電子回折法 | LEED | | | | | | | ○ | | | | | | | | | | | | | | | | | | | | | | | | | | |
| | X 線光電子回折 | XPED | | | | | | | ○ | | | | | | | | | | | ○ | | | | | | | | | | | | | | | |
| 電子分光 | オージェ電子分光 | AES | | | | | | | | | | | | | ◎ | | ◎ | ◎ | | | | | | | | | | | | | | | | | |
| | 電子プローブ微小部分析 | EPMA | | | | | | | | | | | | | | ◎ | ◎ | | | | | | | | | | | | | | | | | | |
| | X 線光電子分光 | XPS | | | | | | | | | | | | | ◎ | | ○ | ○ | | ◎ | ○ | | | | | | | | | | | ◎ | | | |
| | 真空紫外光電子分光 | UPS | | | | | | | | | | | | | | | | | | | ◎ | | | | | | | | | | | ◎ | | | |
| | 光電子顕微鏡 | PEEM | | | | | | | | | | | | | | | ○ | | | ○ | ○ | | | | | | | | | | | | | | |
| | 電子エネルギー損失分光 | EELS | | | | | | | | | | | | | | | | | | | ○ | | | | | | | | | | | ○ | | | |
| イオン | 2 次イオン質量分析 | SIMS | | | | | | | | | | | | | ◎ | | ◎ | ◎ | ◎ | | | | | | | | | | | | | | | | |
| | 飛行時間差 SIMS | TOF-SIMS | | | | | | | | | | | | | | | ○ | ○ | ○ | ◎ | | | | | | | | | | | | | | | |
| | 低速イオン散乱分光 | ISS | | | | | | | ○ | | ○ | | | | | | | | | | | | | | | | | | | | | | | | |
| | ラザフォード後方散乱分光 | RBS | | ○ | | | | | | | ○ | ○ | | | | | | ○ | | | | | | | | | | | | | | | | | |
| | グロー放電質量分析 | GDMS | | | | | | | | | | | | | | | | ◎ | | | | | | | | | | | | | | | | | |

**表 1** （続）

| 評価方法 | | 分析・評価対象 | 分析評価 | | | | | | | | | | | | | | | | | | | 特性評価 | | | | | | | | | | | | | |
|---|---|---|---|---|---|---|---|---|---|---|---|---|---|---|---|---|---|---|---|---|---|---|---|---|---|---|---|---|---|---|---|---|---|---|---|
| | | | 形態 | | | | | ミクロ構造 | | | | | | | 組成 | | | | | 化学結合 | | 電気・磁気的特性 | | | | | | | 電子・正孔準位 | | | | 光学的特性 | | |
| | | | 表面形状（表面粗さ） | 膜厚 | 層構造（量子構造・周期構造） | 結晶方位／結晶配向 | 結晶粒径 | 格子定数 | 原子・分子配列 | | 構造欠陥 | 局所構造 | 粒界構造 | 界面構造 | 元素組成／混晶組成 | | 元素分析／局所組成 | | 微量不純物 | 電子状態・化学結合状態 | 価電子帯構造 | 比抵抗／電気伝導率 | キャリア濃度 | キャリア移動度 | 少数キャリア寿命 | 金属・半導体障壁 | 磁気抵抗 | 磁気光学効果 | バンドギャップ／バンド構造 | 量子準位 | 不純物・欠陥準位 | 表面・界面準位 | 光学定数 | 吸収係数／吸収スペクトル | 発光 |
| | | | | | | | | | 表面 | バルク | | | | | 表面 | バルク | 2次元分布 | 深さ方向分布 | | | | | | | | | | | | | | | | | |
| 電気 | 深準位過渡分光 | DLTS | | | | | | | | | ○ | | | | | | | | ○ | | | | | | | | | | | | ◎ | ◎ | | | |
| | 電子スピン共鳴 | ESR | | | | | | | | | ◎ | | ○ | | | | | | | | | | | | | | | | | | | | | | |
| | 容量-電圧法 | CV | | | | | | | | | | | | | | | | | | | | | ◎ | | | ◎ | | | ○ | | ○ | ◎ | | | |
| | 電気抵抗（四探針法） | | | | | | | | | | | | | | | | | | | | | ◎ | | ○ | | | ○ | | | | | | | | |
| | ホール測定（van der Paw 法） | | | | | | | | | | | | | | | | | | | | | | ◎ | ◎ | | | | | | | | | | | |
| 探針 | 触針法 | | ◎ | ◎ | | | | | | | | | | | | | | | | | | | | | | | | | | | | | | | |
| | 走査トンネル顕微鏡 | STM | ○ | | | | | | ◎ | | | | | | | | | | | | | | | | | | | | | | | ○ | | | |
| | 原子間力顕微鏡 | AFM | ◎ | ○ | | | | | ○ | | | | | | | | | | | | | | | | | | | | | | | | | | |
| その他 | ICP 発光分析 | ICP-AES | | | | | | | | | | | | | | | | | ○ | | | | | | | | | | | | | | | | |
| | ICP 質量分析 | ICP-MS | | | | | | | | | | | | | | | | | ○ | | | | | | | | | | | | | | | | |
| | 核反応解析 | NRA | | | | | | | | | | | | | | ○ | | | | | | | | | | | | | | | | | | | |
| | 放射化分析 | RA | | | | | | | | | | | | | | ○ | | | | | | | | | | | | | | | | | | | |
| | 核磁気共鳴分光 | NMR | | | | | | | | | | ○ | ○ | ○ | | | | | | | | | | | | | | | | | | | | | |

（日本表面科学会編『図解・薄膜技術』培風館より，一部改変）

# 索　引

## ■さ 行

## ■た　行



## ■な　行



## ■は　行

## ■ま 行



## ■や 行



## ■ら 行

## 著者略歴


志村史夫（しむら・ふみお）

1948年　東京・駒込に生まれる
1974年　名古屋工業大学大学院修士課程修了（無機材料工学）
1982年　工学博士（名古屋大学・応用物理）
現　在　静岡理工科大学教授，ノースカロライナ州立大学併任教授



〈したしむ物理工学〉
したしむ表面物理　　定価はカバーに表示

2007年6月10日　初版第1刷
2016年12月25日　第4刷

著　者　志　村　史　夫
発行者　朝　倉　誠　造
発行所　株式会社　朝　倉　書　店
東京都新宿区新小川町6-29
郵便番号　162-8707
電　話　03（3260）0141
FAX　03（3260）0180
http://www.asakura.co.jp

〈検印省略〉



© 2007〈無断複写・転載を禁ず〉



教文堂・渡辺製本

ISBN 978-4-254-22769-7　C 3355　Printed in Japan



JCOPY ＜(社)出版者著作権管理機構 委託出版物＞

本書の無断複写は著作権法上での例外を除き禁じられています．複写される場合は，そのつど事前に，(社) 出版者著作権管理機構（電話 03-3513-6969，FAX 03-3513-6979，e-mail: info@jcopy.or.jp）の許諾を得てください．

## 好評の事典・辞典・ハンドブック

| | | |
|---|---|---|
| 物理データ事典 | 日本物理学会 編 | Ｂ５判 600頁 |
| 現代物理学ハンドブック | 鈴木増雄ほか 訳 | Ａ５判 448頁 |
| 物理学大事典 | 鈴木増雄ほか 編 | Ｂ５判 896頁 |
| 統計物理学ハンドブック | 鈴木増雄ほか 訳 | Ａ５判 608頁 |
| 素粒子物理学ハンドブック | 山田作衛ほか 編 | Ａ５判 688頁 |
| 超伝導ハンドブック | 福山秀敏ほか編 | Ａ５判 328頁 |
| 化学測定の事典 | 梅澤喜夫 編 | Ａ５判 352頁 |
| 炭素の事典 | 伊与田正彦ほか 編 | Ａ５判 660頁 |
| 元素大百科事典 | 渡辺　正 監訳 | Ｂ５判 712頁 |
| ガラスの百科事典 | 作花済夫ほか 編 | Ａ５判 696頁 |
| セラミックスの事典 | 山村　博ほか 監修 | Ａ５判 496頁 |
| 高分子分析ハンドブック | 高分子分析研究懇談会 編 | Ｂ５判 1268頁 |
| エネルギーの事典 | 日本エネルギー学会 編 | Ｂ５判 768頁 |
| モータの事典 | 曽根　悟ほか 編 | Ｂ５判 520頁 |
| 電子物性・材料の事典 | 森泉豊栄ほか 編 | Ａ５判 696頁 |
| 電子材料ハンドブック | 木村忠正ほか 編 | Ｂ５判 1012頁 |
| 計算力学ハンドブック | 矢川元基ほか 編 | Ｂ５判 680頁 |
| コンクリート工学ハンドブック | 小柳　洽ほか 編 | Ｂ５判 1536頁 |
| 測量工学ハンドブック | 村井俊治 編 | Ｂ５判 544頁 |
| 建築設備ハンドブック | 紀谷文樹ほか 編 | Ｂ５判 948頁 |
| 建築大百科事典 | 長澤　泰ほか 編 | Ｂ５判 720頁 |

価格・概要等は小社ホームページをご覧ください.